U0226772

ART ENCYCLOPEDIA

磨铁 BOOKS

青少年科学与艺术素养丛书

中外音乐

小书虫读经典工作室　编著

天地出版社 | TIANDI PRESS

山东人民出版社·济南

国家一级出版社 全国百佳图书出版单位

图书在版编目（CIP）数据

中外音乐 / 小书虫读经典工作室编著. — 成都：
天地出版社；济南：山东人民出版社，2022.6
（青少年科学与艺术素养丛书；19）
ISBN 978-7-5455-7078-6

Ⅰ.①中… Ⅱ.①小… Ⅲ.①音乐史—世界—青少年
读物 Ⅳ.①J609.1-49

中国版本图书馆CIP数据核字（2022）第072421号

ZHONGWAI YINYUE

中外音乐

出 品 人	杨　政	
编　　著	小书虫读经典工作室	
责任编辑	李红珍　李菁菁	
装帧设计	高高国际	
责任印制	董建臣	

出版发行　天地出版社
　　　　　（成都市锦江区三色路238号　邮政编码：610023）
　　　　　（北京市方庄芳群园3区3号　邮政编码：100078）
　　　　　山东人民出版社
　　　　　（山东省济南市市中区舜耕路517号11-14层　邮政编码：250003）
网　　址　http://www.tiandiph.com
电子邮箱　tianditg@163.com
经　　销　新华文轩出版传媒股份有限公司

印　　刷　北京盛通印刷股份有限公司
版　　次　2022年6月第1版
印　　次　2022年6月第1次印刷
开　　本　700mm×1000mm　1/16
印　　张　300（全20册）
字　　数　4800千字（全20册）
定　　价　998.00元（全20册）
书　　号　ISBN 978-7-5455-7078-6

版权所有◆违者必究

咨询电话：（028）86361282（总编室）
购书热线：（010）67693207（营销中心）

如有印装错误，请与本社联系调换。

厚植沃土——在知识与知识之间

序一

　　高品质的图书是精良的知识补给，对于基础教育至关重要。它应该是客观的、开阔的、系统性的。"青少年科学与艺术素养丛书"由小书虫读经典工作室编著，整套图书共 20 册，涉及艺术素养的有 10 册，它们内容翔实，不仅涵盖了中国和外国的绘画史、文学史等基础内容，亦包括关于中国书法史和中外音乐史、建筑史、戏剧史等别具一格的分册。

　　系统的知识构成，体现出教育认知的深度。各分册之间的内在关联，则凸显出丛书的科学性和计划性。在这套丛书中，各门类知识之间不仅环环相扣，更是相互嵌套的。知识之间的这种线性链接和复合交错的双重属性，就是知识的基础结构，它是促成人类自主认知机制的内在支撑。比如丛书中《外国美学》与《外国绘画》就是这种链接关系，美学史与绘画史之间，既是抽象和具体的关系，亦是文本和现实的对照。

　　精良的知识系统具有复合性。各知识门类之间彼此交叉、互为成全。建筑、戏剧等具有空间属性的艺术，本身便是社会现实的写照，体现了人类在自然条件下开拓和营造空间的能力。它既得益于知识之间的相互结合，又是孕育新知识的母体。建筑艺术就是这方面的典型，它一方面依赖于知识的综合性，一方面又营造了知识生产的文化生态，成为新知识培育和娩出的子宫。丛书中的分册《中外建筑》着实令我欣喜，这俨然显示出一种气象不凡的新型知识格局。

　　优质的系列丛书具备均衡性。就公民美育的目标而言，大美术是一个富于活力的概念，它为整体素质的提升创造了更为丰富的成长路径和进步空间，对处于启蒙阶段的儿童以及思维养成阶段的少年而言更是如此。美育的入道，理应多元并举、触类旁通。语言文学和视觉艺术之间存在贯通的可能性，听觉艺术和视觉艺术之间也具有内在关联。不同的感官是人类认知世界的通道和媒介，我认为所有感官的开启和闭合都是阶段性的，令我们得以交替运用不同的方式去认知世界。因此，我们需要从小关照各种感官，启发、呵护、培植它们，令它们保持开启的可能性与敏感性，以便伺机而生、临机而动。

在一个人思维模式的形成过程中，理性思维是认知基础和养成目标，但感性思维亦不可或缺。理性主宰着思维方式，感性则关乎灵气。文学、美学、艺术以及建筑领域的经典个案，皆渗透着情感的力量。每一种知识体系的形成都历经了漫长的演变过程，这就是历史。历史学习之所以重要，就在于理性观摩的积淀，以及感性思维的导向，由此，我们可以看到一种理性与感性反复交织的自生模型，并深得裨益。

苏 丹

清华大学艺术博物馆副馆长、清华大学美术学院教授

2020 年 3 月 4 日于北京·中间建筑

有艺术滋润的生活才快乐

序二

在人类历史的漫长岁月中，艺术一直伴随着人们的生存和发展。数千年来，不同地区、不同生活生产方式下的人们，无不拥有着各自不同形式的艺术。文学、戏剧、音乐、绘画、建筑、美学等艺术形式，不仅记录了人类自身的生产实践，更表达着他们代代相传的丰富想象力及对理想信念、品德智慧的情感追求。

文化艺术活动反映人们的精神世界，是人类生活表象背后的精神轨迹，也是人类社会的内涵和价值取向。审美生活是人类生活中最高贵的形式，没有艺术滋润的生活是不快乐的。"仓廪实而知礼节，衣食足而知荣辱"是中国古人留给我们的箴言。子曰："志于道，据于德，依于仁，游于艺。"蔡元培先生认为，美育是最重要、最基础的人生观教育，"所以美足以破人我之见，去利害得失之计较，则其所以陶养性灵，使之日进于高尚者，固已足矣"。文化艺术是人类情感精神活动的结晶，是人类的最高境界和生活方式。这种超越物质生活的精神层面之自由天地，就是文化艺术存在的重要意义。

在当今中国的社会生活中，孩子们学琴、学画画儿，参加各种艺术活动已非常普遍。为了提高学生的美育水平，社会、学校都有明确的目标要求和行动落实。未来中国，文化生活将会变得越来越必需，越来越重要。引导孩子们从小了解、速览各门类艺术史，借此在潜移默化中提升气质修养、凝聚精神力量、积累学识认知可谓至关重要。

这套丛书中与艺术相关的分册内容非常丰富，包括文学、戏剧、音乐、绘画、书法、建筑、美学等各艺术门类，知识性、专业性很强，但又并不枯燥难懂。每本看似体量不大，却是对该艺术门类发展史的高度概括和简述，直观清晰。古今中外，人类文明发展过程中曾对人的精神产生过重要影响的各种艺术形式、观点、环节、人物、作品如同被卫星定位和导航般，在此一下子轮廓尽收，路径显现。

把数千年来的专业知识用通俗易懂的方式介绍给孩子们不是件容易的事。这不是一个简单的"浓缩历史"的工作，而是一项长期且艰难的系统工程。编者需要付出极大的耐心和做出大量的案头工作，必须分门别类，撷取精华，去伪存真，突出特点；同时还要各门类间互为参照补充，遥相印证，准确表达。孩子们通过阅读这套艺术简史，可以了解、掌握必要的"打底"知识，从而理解人类精神情感生活来源的方方面面及发展脉络，可开阔视野，增长见识，激发情趣，进而通过艺术理解生活，实属开卷有益。

还应该引导读者们通过阅读这套书，发现这样一个现象：每当世界有了新的技术和情感记录方式时，文学艺术的创作风格就会另辟蹊径。所谓从物质文明到精神文明的飞跃恰恰体现于此，而为什么说文化是现代社会的核心价值观和竞争力，也体现于此。

读者们通过图文并茂的阅读熟悉了历史的内涵，有了坐标之后，再去博物馆、美术馆、大剧院、音乐厅，感受、印证、共鸣一番，大量知识自然会轻松理解，终生难忘……

我离开大学30多年了，读了这套简史，又重温了一遍人类文明进程中的许多重要故事，收获颇丰，感慨良多。我觉得这套简史就是奉献给小读者们学习的精美甜点，如开启智慧的方便法门。不光对孩子们有帮助，同时也可供大人和孩子一起读，交流分享读书感受，老少皆宜，裨益生活。

安远远

中国美术馆副馆长

2020 年 3 月 10 日于中国美术馆

中国音乐

第一章　庙堂之乐，钟鼓之声

（前 11 世纪—前 221 年）

远古时代，由于对自然以及自身的认识非常有限，这一时期的音乐大都与宗教和巫术有关，涉及狩猎、战争等与人们的生活息息相关的内容。到了夏商周时期，统治者认识到音乐的教化作用，建立礼乐制度。但随着春秋战国时期奴隶制度的瓦解，礼崩乐坏，民间音乐开始兴盛起来。

第二章　歌舞之乐，大俗大雅

（前 221—220 年）

秦汉仿照周朝的采风制度，首次建立了国家音乐机构——乐府，后来，乐府又演变成为带有音乐性质的诗歌体裁。这一时期歌舞发展到了一个新阶段，歌舞伎乐成为一种主流歌舞形式；在文人音乐方面也有重要发展，出现了司马相如、刘向、蔡邕等一批著名琴家。

第三章 丝路之乐，梵音汉韵

（220—960 年）

三国两晋南北朝时期，出现了具有鲜明南方音乐特征的"清商乐"，并逐渐占主流地位。同时出现了嵇康、阮籍等一批具有独立思考精神的文人音乐家。隋唐时期，随着对外交流的不断加强，佛教音乐、西域音乐大量涌入中原，使得这一时期，无论是乐器还是音乐，抑或舞蹈，都充满了异域风情，宫廷燕乐是其最高成就。

第四章 市井之乐，说学逗唱

（960—1840 年）

宋元时期，市井音乐异军突起，说唱音乐成为主流。宋代时甚至还有专门表演音乐杂技的艺人和专门进行演出的场地"勾栏"与"游棚"。元代时，戏曲的雏形杂剧和句式更加活泼的散曲成为民间音乐的新宠。明清时期，戏曲音乐一枝独秀。弋阳腔、余姚腔、海盐腔、昆山腔等多种戏曲唱腔在这一时期被确立，京剧、昆曲、豫剧等多个剧种也在这一时期成为独立剧种。除此之外，民间歌舞更加繁盛。

第五章　西乐东渐，以乐育人

（1840—1949 年）

科举制度废除后，作为美育的重要手段，新式学堂的音乐课成为学生学习现代音乐的摇篮，学堂乐歌成为主流。此外，专业音乐教育也出现了，北京大学附设音乐传习所、国立音乐专科学校等为中国近现代培养了一大批音乐人才。1930 年至 1949 年，以聂耳、冼星海为代表的爱国音乐家创作的抗日救亡歌曲，如同吹响战斗的号角，激励着一批又一批的中国人。

外国音乐

第六章　为赞美而音乐：
　　　　从古希腊到文艺复兴
（前 800 年—16 世纪）

古希腊人将音乐和诗歌等同，将其看作是一种高尚的修养；而古罗马人只把音乐当作享受的工具。当基督教统治了欧洲，教会音乐成为中世纪音乐的主流。随着文艺复兴的到来，代表人性觉醒的世俗音乐、器乐都得到了极大发展。

第七章　巴洛克音乐：与过去说再见
（17 世纪）

巴洛克时期，歌剧获得极大发展，成为欧洲音乐的主流。与此同时，清唱剧等音乐形式也达到巅峰。乐器突破了教会的限制，开始大量融入宗教音乐，并由此发展出新的艺术形式，如幻想曲、前奏曲、组曲等。

第八章　古典音乐：当音乐远离上帝
（1750—1820 年）

18 世纪后期，欧洲音乐的主题从宗教音乐逐渐演变成内涵丰富、简洁实用的古典音乐。维也纳古典乐派随之崛起，出现了被誉为"维也纳三杰"的海顿、莫扎特和贝多芬。这一时期器乐也得到了极大发展，钢琴曲、小提琴协奏曲的创作层出不穷，而奏鸣曲式的确立是这一时期成就的代表。

第九章　浪漫的反叛：我的地盘我做主

（1820—1910 年）

浪漫主义时期的音乐感性、想象与个性并存，它没有一个固定的风格，也没有一个确切的概念，不同群体的作曲家，乃至作曲家个人的作品风格，都存在巨大的差异。这个时代不仅产生了许多音乐巨匠，如小约翰·施特劳斯、舒伯特、门德尔松、柏辽兹，还出现了无歌词、夜曲、艺术歌曲、叙事曲、交响诗等新颖别致的音乐体裁。

第十章　新音乐：探索与创新的时代

（20世纪至今）

20世纪早期的音乐风格，是在19世纪浪漫主义向20世纪现实主义过渡的基础上形成的。那时旧的事物已经瓦解，新事物的种子正在扎根发芽，音乐正在以一种极其迅猛的速度发展，并从一种新实践向另一种新实践转换。

中国音乐

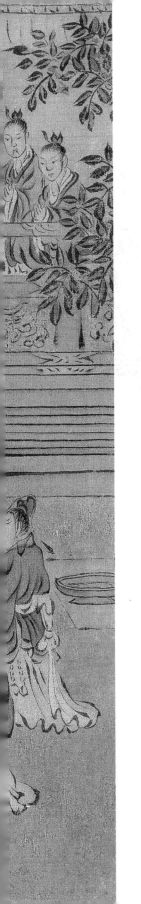

第一章

庙堂之乐，钟鼓之声

（前 11 世纪—前 221 年）

　　远古时代，由于对自然以及自身的认识非常有限，这一时期的音乐大都与宗教和巫术有关，涉及狩猎、战争等与人们的生活息息相关的内容。到了夏商周时期，统治者认识到音乐的教化作用，建立礼乐制度。但随着春秋战国时期奴隶制度的瓦解，礼崩乐坏，民间音乐开始兴盛起来。

【图1】 商末周初的骨排箫，迄今发现的中国最早的排箫

在音乐中载歌载舞

原始时代没有文字，能够用以考证中国早期音乐发展状况的文献也大都出自周代以后，而且数量也不多，因此对原始音乐的探究，难免会夹杂一些臆测和想象的成分。但尽管如此，通过对已知古籍甚至包括一些神话和传说的考证和研究，人们依旧可以从中捕捉到许多远古音乐的风貌。

原始社会的音乐还处于萌芽阶段，受限于低下的社会生产力，当时的音乐显得简单而朴拙，歌、舞、乐彼此之间存在相当大程度的依赖关系，通常称之为原始乐舞，大都和巫术、宗教、战争、狩猎等真切的生活体验有关。

"断竹续竹，飞土逐宍"，这是先秦《弹歌》里记载的一段歌词，相传为黄帝所作。这首歌为我们描述了古代的人类用竹子制造弓，并利用它狩猎的过程，虽然歌词里没有详尽地叙述整个狩猎过程，但通过这几句简单的歌词，我们已经可以约略看到当时人们的生活状态。

除了狩猎，耕作和种植也是原始乐舞常常涉及的题材。《葛天氏之乐》是一部传说中的原始乐舞，表演方式是三个人手持牛尾，踏着脚步，依次唱出各首歌曲。其中，《遂草木》是祈祷草木顺利生长，《奋五谷》是期盼五谷丰登。

图腾和宗教信仰同样常常出现在原始乐舞之中。《箫韶》相传是舜时的一首乐舞，因其以一种名为"排箫"（图1）的原始吹奏乐器为主奏乐器而得名，其舞的部分富于变化，又被人们称作《九歌》《九辩》等名。它以鸟类图腾崇拜为主要内容，抒情色彩浓郁，艺术表现力突出，因此被后世广泛的采纳和利用。据载，春秋时期的孔子观赏过《箫韶》的表演后大受感染。《论语·述而》中曾提到："子在齐闻韶，三月不知肉味，曰：'不图为乐之至于斯也。'"说的就是这段经历。

战争也是原始乐舞反映的内容和题材之一。据《韩非子·五蠹》记载，在舜担任氏族长的时候，苗人不服从舜的管辖和领导，禹想起兵讨伐，舜阻止说："用武力解决问题是不道德的。"随即他下令族人手持盾牌等武器，连续舞蹈多日，最终让苗人顺服。这里的原始乐舞，已更倾向于一种军事演习，起到震慑他方的作用。

原始乐舞一经产生，就成了人们表达喜怒哀乐的一种重要方式，在丰收的时候，在庆祝战事胜利的时候，人们都要载歌载舞。

音乐起源的传说

在很早很早以前，黄帝命令臣子伶伦制定乐律。伶伦来到昆仑山上，在山北面的溪谷砍了十二根竹子，然后截取竹节之间的部分，做成十二根竹管。他吹起了竹管，虽然竹管发出了声音，但声音很难听。就在这时，飞来了一对凤凰，凤叫了六声，凰叫了六声，随后天空中传来美妙的声音。于是，伶伦根据凤凰的音高，又制作了十二根律管。就这样，人们有了创作音乐和制作音乐的依据。

用石头、泥巴做的乐器

1978至1987年间，中国社会科学院考古研究所组织相关人员，对山西襄汾陶寺遗址进行了考古挖掘，结果出土一批原始乐器，其中包括陶铃、石磬、鼍鼓等，数量可观。经鉴定，这些乐器大都制造于尧舜时期，能够比较客观地体现和反映原始社会时期乐器的发展水平和状况。

在这批随葬乐器中，有中国目前已知年代最早的石磬，其中一具被命名为"襄汾特磬"的石磬，通长138厘米，是目前全国出土的石磬中最大的一件。

石磬（图2）算得上中国最古老的打击乐器之一，多为石制，也有一部分以玉制成，造型古朴，上面雕刻有花纹，并被钻孔悬于架下，依次排开，击打时声音清脆悦耳。石磬除了有娱乐功能，还具有特殊的社会功用和政治色彩，是部落联盟首领召集族人和指挥征战的特殊工具。

鼓（图3）也是原始社会时期出现的乐器之一。据《山海经·大荒东经》记载，东海中有一座流波山，山上有一种怪兽，形状似牛，但没有犄角。黄帝得到它后，用它的皮做成了一面鼓，并用雷兽的骨头敲打这面鼓，声音传到八百里以外，威震天下。而襄汾陶寺遗址中发掘的八件鼍鼓也进一步印证了鼓在原始社会的应用。

陶钟（图4）也是原始社会时期出现的乐器之一，我国陕西长安县（今西安市长安区）龙山文化遗址以及河南陕县庙底沟遗址都曾经出土过陶钟，

【图2】 石磬

【图3】 东周虎座鸟架鼓

【图 4】　东汉绿釉陶钟

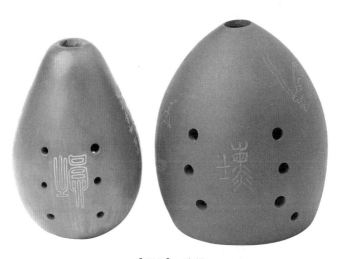

【图 5】　陶埙

其中陕西出土的陶钟形制较完整，钟体呈长方形，上有实心的直柄。到了原始社会末期，则出现了铜钟，据《孟子·尽心》记载，孟子曾经就一件禹时制造的铜钟和学生讨论。

陶埙（xūn）（图5）是原始社会时期代表性的陶制乐器，也是我国发掘数量最多、分布区域最广泛的原始吹奏乐器。埙是中国特有的吹奏乐器，大多数以陶制成，少数是石制和骨制的。传说埙起源于一种名叫"石流星"的狩猎工具。古人在外出狩猎的时候，常常用一根绳子系上一个泥球或者石球投掷猎物，有的泥球或石球是中空的，被抛掷的时候会发出悦耳动听的响声，古人觉得好玩，便捡回来吹，久而久之，便产生了埙。随着不断的发展和进步，埙的器形最终定为平底椭圆形，看起来就像一枚被削平了底部的鸡蛋。原始社会时期的埙以一音孔埙和二音孔埙为主，已经能够吹出一部分乐音和音程。

万舞翼翼

　　《大夏》是夏商时期的代表性乐舞之一。据《吕氏春秋·古乐》记载，大禹（图6）即位后勤于治水，效果显著，随即命令皋陶将治水经过编入乐舞之中，以向天下昭示自己的功劳。《大夏》一共由九段乐曲组成，因此又被称作"九成"。这首乐舞的主奏乐器是苇籥，根据《礼记》中的记载来看，当时的人们在演奏这首乐舞时，会裸露上身，头戴皮帽，下身穿一件白色的衣裙，载歌载舞。

　　到了夏朝末期，统治者昏庸残暴，尤其是暴君夏桀，更是让人民苦不堪言。据《尚书·汤誓》记载，有一首夏代歌谣，反映了百姓对夏桀的控诉和咒骂，歌词中这样写道："时日曷丧，予及汝皆亡。"意思是说："你什么时候灭亡呀，我情愿跟你一起灭亡。"这首歌谣虽然简短，但节奏流畅，歌词押韵，已经初步显现出歌谣的艺术特色。

　　继夏朝之后，商朝成为中国的第二个奴隶制王朝，《大濩（huò）》是这一时期的代表性乐舞之一。商汤将夏桀流放到一个叫作大水的地方，自立为王，创立商朝，想到天下已定，大患已除，于是借鉴先朝的音乐，作了《大濩》这首乐舞。在甲骨文中，"濩"字由一只短尾鸟和两滴水组成，寓指鸟在水面上飞行，《大濩》的命名很有可能和简狄与玄鸟的传说有关。根据传说，简狄是商朝人祖先契的母亲，因为吞下一个玄鸟蛋怀了身孕，并生下了儿子契。《大濩》主要描述了商汤赢得战争的胜利，以及夏桀得到应有的惩罚。

11

【图6】 ［明］仇英《帝王道统万年图》中的大禹

　　商朝时期的乐舞《雩（yú）舞》，是以百姓求雨为题材的。据说，在表演这首乐舞的时候，人们会手持牛尾舞动，并将牛尾在人群之中依次传递，甚至有时商王也会参与到歌舞的过程中去。

　　在商朝以巫术为题材的乐舞之中，《魌舞》是一首比较有代表性的乐舞。根据《说文解字》的解释，"魌"字指的是古代驱鬼驱瘟仪式上的一种头戴面具的舞蹈者，"魌舞"则是人们在驱鬼驱瘟仪式上表演的一种乐舞。这种乐舞一直到周朝仍然存在，在表演魌舞的过程中，人们会打扮成鬼怪的模样，手上裹着熊皮，脸上画着金色的眼睛，穿着红色的衣服，手持戈和盾进行驱鬼的仪式。至今仍在我国部分少数民族存在的傩戏（图7），便是从魌舞发展和演变来的。

　　除了歌功颂德之外，统治者还把音乐当作一种享乐工具。后世关于夏商统治者享乐的记载有很多："夏桀、殷纣作为侈乐，大鼓、钟、磬、管、箫之音，以钜为美，以众为观；俶（chù）诡殊瑰，耳所未尝闻，目所未尝见，务以相过，不用度量。"他们还要讲究排场，"乐闻于三衢"，"万舞翼翼"。但这样做的后果是严重的。例如夏朝的桀、商朝的纣都是因为过于沉溺享乐，暴虐无道，最终成了亡国之君。

　　周代的礼乐制度，是一种将礼仪和音乐等级化的文化制度。通过礼乐制度，周朝统治者将贵族阶层和普通民众分成若干等级，每个等级都设立了严格的标准和限制，进而起到维护社会秩序和宗法制度，巩固王朝统治的作用。

　　佾舞是当时最重要的宫廷乐舞。按周礼规定，佾舞共有八佾、六佾、四佾、二佾之分。佾是指舞蹈人数的行列规格。八佾舞是八行八列，共六十四人，成方阵形，用来祭拜皇帝祖先；六佾舞一佾是六人，分六行六列，共三十六人。天子才有享受八佾舞的尊荣，诸侯和国相能享受六佾舞，封邑大夫能享用四佾舞，而士只能用二佾舞。

　　除了在舞队人数上有严格设定，不同等级的贵族在乐队的排列以及所用乐器多少方面，也有非常严格的界定和区别。如天子可以享用四面悬挂钟、磬奏乐的待遇，诸侯可以享用三面，卿和大夫可以享用两面，士只允许悬挂一面。

　　以上的种种制度都是基于不同的贵族等级直接规定的，除此之外，在周

【图7】　［宋］佚名《大傩图》

代众多的礼中，不同等级贵族所能利用的礼乐同样有非常鲜明的区别。周朝的礼主要包括祭祀、燕礼、大射礼、乡射礼、大飨礼、乡饮酒礼等，不同的礼，有不同的配乐和章法。在这种礼乐制度背景下，不同等级的贵族参与不同等级的礼，享用不同等级的配乐。

六代乐舞是周朝宫廷音乐的代表乐舞，被儒家奉为雅乐的最高典范，被广泛地应用于周朝祭祀大典等重大活动之中。所谓的"六代乐舞"，实际也就是六首乐舞，从黄帝时期开始出现并流传，分别指黄帝时期的《云门大卷》、唐尧时期的《大咸》、虞舜时期的《韶》、夏禹时期的《大夏》、商汤时期的《大濩》以及周武王时期的《大武》。

《大武》共分为六段，比较详细地记述了武王伐纣最终封为天子的过程：乐舞一开始，舞队从北面上场，舞者手执武器，列队歌唱，表达伐纣的决心，随后舞队中有人振铎传达军令，舞者随即进行激烈的击刺动作，一边舞蹈一边行进，表示正处于激战之中，接着舞队向南行进，表示武王灭商后向南进军并稳定南方局势，最后舞者重新站列整齐，以此表示对武王的尊敬和拥戴。

根据《周礼》中的相关记载，六代乐舞分别具有不同的用途：《云门大卷》被用来祭祀天神，《大咸》被用来祭祀地神，《韶》被用来祭祀四方，《大夏》被用来祭祀山川，《大濩》被用来祭祀周始祖姜嫄，《大武》则被用来祭祀周的祖先。整体来说，六代乐舞规模宏大，声调舒畅和缓，给人庄严肃穆的感觉。六代乐舞算得上雅乐中的典范，而雅乐是周代宫廷音乐重要的类型之一。雅乐主要应用于祭祀活动，可以分为大雅和小雅。大雅大都用于朝贺、宴请等正规活动；小雅则大部分是个人的作品，生活气息浓郁，能够比较真实地反映当时人们的生活状态。

除了雅乐，颂乐也是周代宫廷音乐的重要组成部分之一。《诗经》里有《周颂》《鲁颂》（图8）和《商颂》三颂，其中的"颂"指的就是颂乐。颂乐是周朝在大型的典礼活动中采用的乐歌，主要与祭祀鬼神、赞美统治者的功德有关。颂乐和平中正，在细节的处理上恰到好处，多由民间的巫乐演变而来，和六代乐舞类似，形式庄严肃穆，只是在表演规模上没有六代乐舞那么宏大。

小舞在周代宫廷音乐中也颇为常见。所谓"小舞"指规模较小的乐舞，

【图8】　〔南宋〕马和之《诗经·鲁颂三篇图》之《有駜》，其中描绘了鲁公与群臣宴会饮酒的场景

大都与祭祀有关，主要包括《帔舞》《羽舞》《皇舞》《旄舞》《干舞》《人舞》等，表演形式各具特色，例如《帔舞》舞蹈者会手拿五彩丝条，《干舞》表演者则会手持盾牌。小舞通常被用来作为贵族子弟音乐启蒙的范例和教材，因此颇受统治者重视。

房中乐

房中乐是一种比较特殊的音乐形式，大都由后妃演唱，伴奏乐器也比较简单随性，歌词内容大都反映爱情等题材，但前提是要合乎当时的道德和礼教。《周南》《召南》是房中乐中比较有代表性的作品。

礼乐，要从娃娃抓起

大司乐本来是周朝乐官的名称，后来逐渐被后世作为周代音乐机构的代称。

大司乐掌管音乐教学，将国子聚集到学校里学习。凡有道艺、有德行的人，就让他们在学校任教，死了就奉他们为乐祖，在学校祭祀他们。用乐德教育国子要忠诚、恭敬、有原则等，用乐语教国子掌握比喻、吟咏诗文等言语技巧，用乐舞教国子学会六代乐舞，最终达到人民安定、社会和谐的目的。

大司乐是中国最早的体系比较完整的教育机构，而从音乐教育的角度来看，也是世界上最早的音乐学校。根据《周礼》记载，当时大司乐内的工作人员确切可考的就有1463人，其中绝大部分来自奴隶阶级，少数是低级贵族阶层。

大司乐由行政、教学以及表演三个部分组成，各个职能都有明确的分工，例如"大司乐"负责教授国子乐德、乐语以及六代乐舞，"乐师"负责教授国子小舞，"大师"和"小师"分别教授国子乐律以及各种乐器的演奏等。

大司乐音乐教育的对象，也即"国子"，主要由贵族阶层的子弟构成，还有一小部分则是从民间选拔出来的优秀青年。无论是国子的入学年限还是教学进度，大司乐都有明确而严格的规定。国子13岁进入大司乐学习音乐、咏诵诗歌，跳《勺》舞；15岁开始跳《象》舞，学习骑马射箭；等到20岁成年的时候，就可以开始学习礼，穿皮衣或者丝织品，跳《大夏》舞。

尽管带有明显的政治意图，但大司乐的创立明显提高了周代的音乐水平，

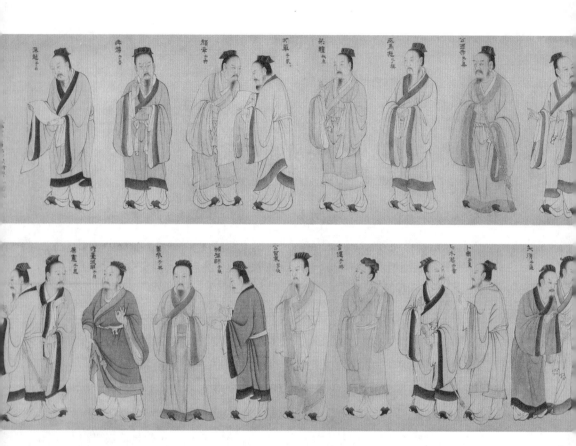

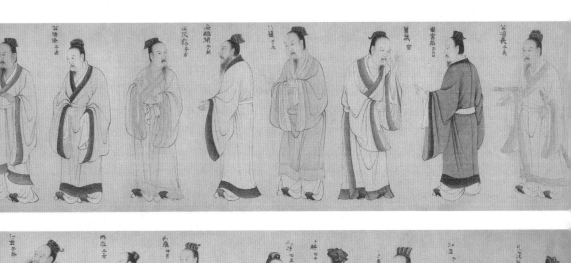

【图9】 ［宋］佚名《孔门弟子像全卷》（局部）

对西周的文化发展也起到了积极的推动作用。到了春秋时期，周代乐官制度土崩瓦解，但孔子借鉴大司乐在提升人民素质和文化水平方面的优点，开始兴办"私学"（图9），教导学生掌握礼、乐、射、御、书、数六种基本才能，也即"六艺"。从这个意义上来说，大司乐乃至整个周代音乐教育体系并没有消亡，它们对社会音乐教育以至于文化的积极影响，依旧在延续。

郑卫之音，桑间濮上

周代的民间音乐已经得到了较大发展，北方民歌和南方民歌交相辉映，各具特色。

北方民歌常常以"郑卫之音"代称。所谓"郑卫之音"，指的是周代郑、卫、宋、齐、魏、秦、王、陈等十五国的民谣，其中以郑、卫等国的歌谣为主，多收录于《诗经》中的《国风》中（图10）。

《诗经·国风》中共收集有一百六十篇歌谣的歌词，其中涉及郑国和卫国的歌谣有三十一篇，约占到《国风》总篇数的五分之一。这类北方民歌，大都短小精悍，从曲式上来看，则以分节歌为主。这些分节歌，基本都围绕一个基本曲调展开，有的是一个曲调的简单重复，有的会在一个曲调之后加入一段副歌，更复杂的一些歌谣则还会涉及引子、换头、尾声等曲式及变化技巧。北方民歌在最原始的状态下基本是没有乐器伴奏的，直到被宫廷搜集，并被用于宫廷的相关活动之后，才开始加入了乐器伴奏，例如瑟、竽等。

由于在音乐结构上富于变化，同时又能反映真实生动的生活，北方民歌受到了当时很多人的喜爱。不过，以孔子为代表的儒家学派对北方民歌持否定的态度，认为郑卫之音颓废低级，只会使人远离教化和礼制。反映儒家音乐思想的《乐记》一书中曾提到："郑卫之音，乱世之音也。"

南方民歌的存世量较少，大概是因为在周代，南方的很多地区没有被列入宫廷采歌的范围，具体区域包括今天的江苏、浙江、湖北等省份。《诗经》

【图 10】 ［南宋］马远《诗经豳风图卷》（局部）

中收录的南方民歌不多，只有《周南》和《召南》两部分，但在《离骚》《吴越春秋》等历史文献中，可以发现较多的南方民歌作品。南方民歌又称"南音"，主要以楚国民歌为主，也包括吴国和越国的民谣。楚国民谣比较著名的作品包括《下里》《巴人》《阳春》《白雪》等。对于南方民歌的发展，屈原有着突出的贡献。屈原采集民间的歌谣，进行专业的加工整理，并开创了骚体类作品，最终让南方民歌焕发出了新的魅力，这其中，又以《九歌》最有代表性和系统性。

《九歌》原是一些楚国南部民间用以祭祀的歌舞，屈原通过对众多作品进行改编和整理，最终将它们汇集成一部大型歌舞，共包括十一首乐曲。古时民间祭神的时候，恰好也是青年男女谈情说爱的时候，因此《九歌》中的歌曲，大都表现神灵之间的眷恋也即男女之情，但部分乐曲也显得庄严而肃穆，例如《国殇》（图11）一篇，是一首悼念楚国战死的将士的祭歌，歌曲通过对激烈战斗场面的描写，高度赞颂了为国捐躯的将士，鼓舞人心。

"阳春""白雪"

据史书记载，一天楚襄王问辞赋作家宋玉：为什么民众不称赞你呢？宋玉回答说，在城中，有人演唱名叫"下里巴人"的乐曲，跟唱的人有数千人。当演唱"阳阿薤露"的时候，城中跟唱的只有几百个人。当演唱"阳春白雪"的时候，城中能够应和的人不过只有十几个。如果继续增加歌曲的难度，演唱"引商刻羽，杂以流徵"的时候，城中能应和的人不过只有两三个人而已。宋玉借此典故表明自己有出众的德行，与一般人不同。这个典故也说明了越是高雅复杂的音乐，能够理解唱和的人就会越少，这就是"曲高和寡"。后来，人们便用阳春白雪来代指高雅、不通俗的音乐或其他艺术作品。

姓"师"的音乐家

乐师（图12）在周朝拥有很高的社会地位，按照周礼，他们被分成若干的等级，等级最高的乐师，会在名字之前被冠以"师"字。从相关的历史记载中来看，冠以"师"字的宫廷乐师大都是盲人，这可能是由于当时还没有产生记谱法，盲人的听觉和记忆力突出，更有利于音乐的保存和传授。

纵观起来，被冠以"师"字的周代宫廷乐师不在少数，其中比较知名的有师旷、师涓、师襄、师文、师乙等人。

师旷是晋国著名的宫廷乐师，听力超群，辨音能力突出。由于生下来就失明，他常常自称为"盲臣"。《淮南子·氾论训》记载，师旷在弹奏瑟的时候，手指来回移动，看似没有章法，但每一个音节都弹奏得非常准确，没有丝毫偏差。由此可见，师旷的音感是多么敏锐和突出。

此外，师旷的音乐知识也非常丰富，精通民歌和音律。据《左传·襄公十八年》记载：有人听说楚国大军来袭，非常担心，师旷回答说："不用担心，我唱过北方的民歌，也唱过南方的民歌。南方的民歌音调微弱，因此楚军必定无功而返。"这可以间接地反映出师旷对南北民歌及音律的了解之深。

师旷在音乐上的造诣很高，同时直言敢谏。据说师旷知道晋平公铸造了一口大钟，并发现钟的音调不准，随即直接告诉了晋平公，晋平公颇有恼色，但经过其他乐师的验证，事实的确如此。

师涓也是周代宫廷乐师的代表人物之一。师涓来自卫国，是卫灵公身边

【图12】　［元］王振鹏《伯牙鼓琴图》

的一名乐师。他善于写谱造曲，精于弹琴，听觉和记忆力都非常出色，音乐过耳不忘。据《韩非子·十过》记载：师涓跟随卫灵公前往晋国，赶到濮水附近时，天色已晚，于是他们便在濮水河畔住了下来。当晚夜半时分，卫灵公突然听到水边隐约传来弹琴声，十分惊讶，于是叫醒身边的众人，问他们是否听到了琴声。奇怪的是，众人全都说没听到琴声。卫灵公随即命人将师涓叫过来，并要他将乐曲记录下来。当晚，师涓面对濮水，正襟危坐，一夜未眠。第二天清晨，师涓告诉卫灵公说自己已经记下乐曲的旋律，只是要再经过一定的练习才能熟练演奏，卫灵公非常高兴。到了晋国，卫灵公让师涓演奏那晚的琴曲。师涓于是取来琴，认真地弹奏起来，可刚弹了一半，坐在一旁的乐师师旷便慌张地按住师涓的手说："不要再弹了，这是亡国之音！"众人不知何故，师旷随即解释说："这首乐曲流行于殷纣王时期，是乐师师延所作。殷纣王沉湎于酒色与音乐，不理朝政，最终成为亡国之君。殷纣王死后，师延抱着琴跳入濮水自杀身亡。你们是在濮水边听到的这首乐曲吧？"师涓点头称是。

这则故事带有一定传说色彩，但可充分反映出师涓在音乐记忆力方面的不凡造诣。

师襄和师乙是郑国人，尤其擅长击磬，孔子在音乐上曾经拜师于师襄。根据史料描述，春秋战国时期，诸侯群起，礼崩乐坏，师襄因此放弃乐官的职位，另谋生路。师乙出身于奴隶阶层，自称"贱工"。根据《礼记·乐记》中的相关记载，师乙曾经和子贡探讨过乐理方面的问题。在他看来，人的个性和品德不同，适合演唱的乐曲也不一样。

师文是郑国的一名乐师，根据《列子·汤问》中的相关记载，师文主张弹琴贵在准确地把握和表达情感，倘若不能让琴声与自己的内心相呼应，便不敢弹琴。"内得于心，外应于器"，师文的这一体会，对后世的音乐美学影响很大。

除了上面提到的一部分，冠以"师"字的宫廷乐师还有齐国的师开，卫国的师曹，郑国的师触，鲁国的师己、师阳，等等。这些宫廷乐师大都拥有精湛的演奏技艺，在音乐理论研究和乐器乐律的总结创新方面，也各有造诣。

随着周王室的衰败以及礼乐的崩坏，很多冠以"师"字的宫廷乐师开始走向民间，迎接他们的是一片自由广阔的天地，中国音乐的发展也因此拥有了更多的可能。

余音绕梁，三日不绝

现代人常常用"余音绕梁，三日不绝"来形容歌声高亢圆润、余韵无穷。该典故出自《列子·汤问》。故事的主人公是一个叫韩娥的民间女歌手。有一天，她流浪到了齐国，当时正值华灯初上，家家都冒起了袅袅炊烟，饥肠辘辘的韩娥站在雍门之下唱起了悲歌，述说自己悲苦的身世和人世间的不平。她的歌声传进了人们的耳朵里，打动了大家的心。于是人们纷纷走出家门，把她拉到自己家里，与她分享食物。她离开后，歌声似乎还盘绕在雍门，经久不散，以至于人们以为她还在雍门下唱歌。

【图13】 曾侯乙墓出土的编钟

钟鼓之声，琴瑟和鸣

根据相关资料记载，乐器发展到周代已经有 70 种之多，其中仅在《诗经》中明确提及名称的就有 30 种左右。根据制作材料的差异，周代将乐器分为八个大类，称之为"八音"。乐器分类的出现，意味着古器乐艺术的发展已经进入了一个相对成熟和稳定的阶段。

从《周礼》中的相关记载来看，周代的"八音"乐器指的是金、石、土、革、丝、木、匏、竹八种不同材质的乐器。

金类乐器，也即由金属制成的乐器。周代时，基本都是铜制的，常见的有钟、镛、钲、铙、铎等。其中"镛"是古代的一种大钟；"钲"外形与钟类似但通体狭长，顶部有长柄以方便持拿；铙又称"执钟"，外形同样与钟类似，呈圆形，多在军中用以传播信号。

周代的金类乐器中，尤以湖北随县（今随州市）曾侯乙墓出土的编钟（图 13）最具代表性。1978 年，考古工作者在湖北随县西北的一处小山包上，发掘了一处战国时期的大型墓葬——曾侯乙墓，出土了大量珍贵的文物，其中的曾侯乙编钟令在场的人员震惊不已。这套精美的青铜编钟由 65 件青铜编钟组成，通高 273 厘米，重达 4400 多公斤。编钟钟架为铜木结构，横梁为木质并绘有彩漆，两端套有雕饰着龙纹的青铜套，钟体表面则刻满浮雕，细密精致，美轮美奂。经检测，曾侯乙编钟音域跨越 5 个八度，音域上则齐备 12 个半音。曾侯乙编钟是中国迄今为止发掘的最大最完整的一套编钟，因其高

31

【图14】 曾侯乙墓出土的青铜冰鉴缶

【图15】 古琴

超的铸造工艺和出色的音乐性能，被人们视为稀世珍宝。

　　石类乐器主要包括离磬、玉磬、特磬等乐器，也包括编磬等形式的乐器。编磬的形制与编钟类似，1970年湖北江陵纪南故城曾出土过一套25枚的编磬，磬体由青色石灰石制成，表面刻有彩绘花纹，其中四枚还绘有凤鸟图，色彩雅致，线条也十分流畅。

　　土类乐器主要用泥土捏制或烧制而成。在周代的土制乐器中，埙这种比较原始的土类乐器已经退居次席，取而代之的是一种叫作"缶"的打击乐器。据《史记·廉颇蔺相如列传》记载："蔺相如前曰：'赵王窃闻秦王善为秦声，请奏盆缶秦王，以相娱乐。'秦王怒，不许。于是相如前进缶，因跪请秦王。"文中生动地描述了蔺相如请求秦王击缶的情景。根据《说文解字》的解释："缶，瓦器，所以盛酒浆，秦人鼓之以节歌。"意思是说：缶是一种用来盛酒的瓦器，秦朝的时候，人们常常通过敲击它来伴歌。湖北曾侯乙墓曾经出土过一个青铜冰鉴缶（图14），其中有夹层，里面有冰，并存储有食物；江苏无锡的越国墓葬遗址则曾出土过三件青瓷三足缶，造型夸张生动，十分罕见。

　　革类乐器主要指打击乐器"鼓"。鼓是周代的一种重要打击乐器，根据不同的形制可以分为土鼓、足鼓、楹鼓等。《诗经》中有多处鼓的记载，例如《商颂·那》中的"猗与那与！置我鞉鼓。奏鼓简简，衎我烈祖"，意思是说：好美好好繁盛，在我堂上树立一面鞉鼓。敲起鼓来响咚咚，让我祖宗都感到欢乐愉快。文中提到的"鞉鼓"是一种带有手柄的小鼓，使用方式和现代的拨浪鼓类似，多用于祭祀等活动中。湖北曾侯乙墓中曾经出土过"建鼓""扁鼓"等不同种类的鼓，其中的一面建鼓鼓面直径80厘米，中间穿有一根木柱，底部有一个青铜底座，由十六条青铜雕龙缠绕而成，制作非常精美考究。

　　丝类乐器是周代的一种新兴乐器，主要包括琴、瑟、筝、筑等，根据演奏方式不同可以分为弹弦乐器和拉弦乐器。琴（图15）是中国最古老的弹弦乐器之一，在《诗经》里曾经被多次提及，湖北曾侯乙墓中曾出土过一把十弦琴，通长67厘米，由琴身和尾板两部分组成，通体涂有黑漆，光泽柔亮。瑟是一种弹弦乐器，外形与琴类似，由25根弦构成，每根弦依附于一柱。

　　湖北当阳楚墓遗址曾经出土过一把瑟，属于春秋晚期，是目前发掘的时

【图16】 敦煌莫高窟壁画《恶友品》中波罗奈国太子善友在树下为公主弹筝

【图17】 竽

代最早的一把瑟。

筝（图16）也是一种弹弦乐器，在春秋战国时代的今陕西一带十分流行，被人们称作"秦筝"，相传为秦朝的蒙恬发明。

筑则是中国最早的一种拉弦乐器，《史记·刺客列传》曾有"高渐离击筑，荆轲和而歌"的记载。筑的外形与琴相似，由13根弦组成，演奏时，演奏者左手按弦的一端，右手执竹尺击弦发音，声音悲亢而激越。

木类乐器主要包括柷（zhù）、敔（yǔ）等。柷是一种敲击乐器，形如方形的斗，上宽下窄，演奏时用一个木棒左右敲击。敔则形如伏虎，背部有锯齿，演奏时需用木尺刮蹭。

匏类乐器主要包括笙、竽等，《韩非子·内储说》中曾提到"滥竽充数"的故事，其中的"竽"（图17）便是指的吹奏乐器竽。

竹类乐器主要包括箫、管等吹奏乐器，曾侯乙墓中曾经出土过两件土篪，也属于竹类乐器。

下里巴人

下里巴人和阳春白雪相对应，是指通俗的、普及的文艺作品。

据史书记载，辞赋作家宋玉在答楚襄王问题的时候说，在城中，有人演唱名叫"下里巴人"的乐曲，跟唱的人有数千人。当演唱"阳春白雪"的时候，城中能够应和的人不过只有十几个。这说明"下里巴人"在民众中流行得非常广泛。有不少人常常使用下里巴人来表示自谦，其实这是一种错误的用法。"下里巴人"是一类巴人歌谣，巴人的歌舞大多都是群体性的，很多人聚集在一起情不自禁地手舞足蹈地表演。这类歌曲曲调流畅，活泼明快，富有浓郁的地方风情。下里巴人是巴渝古代民歌中最有代表性和影响力的，歌曲最大的特点就是通俗易懂，歌词语言通俗，但是反映的内涵却十分深刻，就像是山歌一样。

第二章

歌舞之乐，大俗大雅

（前 221—220 年）

　　秦汉仿照周朝的采风制度，首次建立了国家音乐机构——乐府，后来，乐府又演变成为带有音乐性质的诗歌体裁。这一时期歌舞发展到了一个新阶段，歌舞伎乐成为一种主流歌舞形式；文人音乐方面也有重要发展，出现了司马相如、刘向、蔡邕等一批著名琴家。

【图18】 秦乐府钟

观风俗，知得失

"乐府"作为一种音乐机构出现，最早可以追溯到秦朝。

秦始皇统一六国之后，从各地俘虏了大量的乐工和舞女，各地音乐和秦国的音乐开始出现碰撞和交流，这是乐府（图18）的创立的重要现实基础之一。总体来说，乐府在秦朝时期还处于发展的起步阶段，无论在规模、建制还是职能方面，都没有形成大的气候，直到汉代，乐府才走向了繁盛。

汉武帝对乐府进行了明显的扩建和改良，任用了大量的乐府人员，同时从赵、代、秦、楚等多地采集民歌。在汉武帝时期，李延年任职乐府的最高领导人，他出生在中山，也就是今天的河北定州市，父母及兄弟都精通音乐，算得上一个音乐世家。年轻时，李延年因为犯法被处以宫刑，成为一名太监，之后被分到汉宫里面管狗。由于精通乐律，善于歌舞，李延年很快就受到了汉武帝的注意和喜爱，而他的妹妹在之后不久也受到了汉武帝的宠爱，并被立为夫人。最终，李延年被封为"乐律都尉"，专门负责乐府的管理工作，对当时的民间乐舞，乃至整个汉代音乐的发展起到了巨大的推动作用。在任职乐律都尉期间，李延年对乐府搜集的大量民歌进行了加工和整理，并谱以新曲；他善于歌唱和作曲，每次改编乐曲，听众没有不被他的音乐感动的；他曾经作十九章《郊祀歌》，被用于皇家祭祀，也曾对张骞从西域带回的佛曲《摩诃兜勒》重新改编，随即将它用为乐府的仪仗之乐。遗憾的是，太初年间，因弟弟李季在后宫作乱，李延年被汉武帝处死。

汉代乐府的主要任务和职能,可以概括为两个方面。一是采集民歌,对民歌进行加工和配乐,以此丰富汉代音乐,同时也可以借此观察各地风俗,了解民情;二是创作编写乐曲,将当时文人创作的一些歌功颂德的文章谱成乐曲,并进行演奏,而其中会涉及曲调的改编,以及音乐理论的研究和梳理。汉乐府搜集的西汉民歌有一百六十多篇,今天得以保存的有六十余首,尽管留存不多,但其中的《战城南》《东门行》《十五从军征》《陌上桑》《孔雀东南飞》等,均是极其优秀的音乐作品。以《孔雀东南飞》为例,这部作品描述了汉末庐江府小吏焦仲卿和他的妻子刘兰芝之间的一段爱情悲剧,控诉了封建礼教对爱情的扼杀和戕害,故事完整,结构紧凑,是汉乐府民歌中的杰作,并在日后被改编成多种不同的音乐类型,广为流传。

汉成帝时期,乐府的规模达到了空前的地步。据桓谭《新论》记载,桓谭在孝成帝(即汉成帝)时期曾经担任过乐府令,他估计当时乐府内的工作人员大概有一千多人。而根据《汉书·礼乐志》中的相关记载,当时的人数达到了八百余人。这样的规模已经足以和周代的音乐机构大司乐不相上下。

汉武帝到汉成帝时期,是汉乐府最繁盛的时期。公元前7年,汉成帝驾崩,汉哀帝刘欣继承皇位。汉哀帝生性不喜欢音乐,即位不久便下诏裁撤乐府内的工作人员。乐府中的一部分人被直接罢免,另一部分则被调往当时的音乐机构太乐。"乐府"作为一个音乐机构由此消亡。

乐府的建立,主要是为了满足统治阶级的享乐需求,但客观上也对民间音乐的保存和各地音乐的发展起到了积极作用。汉乐府虽然最终走向消亡,但对后世的音乐机构产生了很大影响,隋朝依旧存在"乐府"的称谓,唐代虽然没有"乐府"之名,但教坊和梨园等机构,依旧留有"乐府"的影子。

丝竹相和，击节而歌

相和歌，是汉代汉族各地民间歌曲的总称。据《乐府·古题要解》记载："乐府相和歌，并汉世街陌讴谣之词。"由此可见，它是在汉代民歌基础上发展而成的一种音乐，主要应用于官员宴饮、节日朝会以及风俗活动等场合。演奏者手持节鼓击打，和伴奏的弦乐器相迎合，这也是"相和歌"这个名字的由来。

相和歌的起源，可以从汉高祖刘邦说起。刘邦个人非常喜欢楚声，因此当时以楚声为代表的民间歌舞，不仅流行于民间，在宫廷之中也非常受欢迎。到了汉武帝时期，包括相和歌在内的汉代乐舞频繁地在宫廷中，以及贵族阶层的府邸中上演。

在发展的初期，相和歌基本全部来自民间，表演时清唱，没有任何的乐器伴奏，也即所谓的"徒歌"。徒歌在汉代曾非常流行，后来在徒歌的基础上加上帮腔，通常是"一人唱，三人帮"，这种表演形式，被称作"但歌"。再后来又加上乐器伴奏，也即"丝竹更相和，执节者歌"，也才成为真正意义上的"相和歌"（图 19 ）。

相和歌所用的宫调主要有三种，即瑟调、清调和平调，通常被合称为"相和三调"；常用的乐器则有节、笙、笛、琴、瑟、阮以及筝等，根据出土的汉代画像石以及相关文献记载判断，早期的相和歌主要由筝、瑟来伴奏，后来才逐渐地开始用笛、筝、琴、节等乐器伴奏。

【图19】 西汉相和歌俑

由于年代久远，汉代的很多相和歌已经遗失，从保留的曲目来看，其中一部分是战国时期楚声的旧曲，例如《流楚窈窕》《今有人》等，更多的则是汉代的民歌。

在音乐内容上，相和歌十分丰富而多样。例如《妇病行》，以患病的妇女托付孤儿，以及丈夫为饥饿的儿子乞讨食物为主要内容，深刻揭露了汉代人民的悲惨遭遇；《饮马长城窟行》，则通过家人对远方亲人的思念，反映了人们被迫背井离乡的无奈和痛苦；而由文人创作的《善哉行》《西门行》以及《步出夏门行》等音乐作品，则主要反映了汉代统治者追求神仙生活方面的内容。

相和大曲是相和歌的一种最高艺术表演形式。《宋书·乐志》记载有《东门》《园桃》《夏门》《洛阳行》《白头吟》等十五首大曲的歌词。从其中的相关描述来看，相和大曲既有歌又有舞，是一种大型的歌舞艺术形式。相和大曲的结构可以分为艳、曲、解、趋四个部分："艳"属于引序，包括抒情性的歌舞，"曲"是歌唱部分，"解"是器乐间奏，"趋"是高潮和收尾部分。

娱耳目，乐心意

歌舞发展到汉代，已经非常繁盛。

秦始皇时期离宫众多，里面养着大量的歌女和舞女，她们经常进行歌舞表演，以至离宫里钟乐不停，舞蹈不息。到了汉代，这种现象没有息止，甚至可以说愈演愈烈。不仅在宫廷之中，歌舞在民间同样非常受欢迎。根据相关文献记载，即使是最普通的劳动者，也常常在农闲时，作歌舞以自乐。宫廷和百姓的喜爱，使得汉代歌舞无论从规模还是形式上，都一派庞大和繁荣景象。

汉代乐舞种类很多，其中比较有代表性或特色的乐舞，主要包括巴渝舞、槃舞、巾舞、铎舞、鞞舞、白纻舞等。

巴渝舞是流行于西南少数民族的一种集体乐舞。古代巴人天生骁勇善战，曾经数次帮助汉代打仗，喜欢舞蹈。也是因为骁勇善战的缘故，巴渝舞的内容大都与战事有关，汉高祖刘邦曾经看过巴渝舞的表演，觉得能够鼓舞将士士气，随即提倡汉族乐师予以学习和效仿，并将其称之为"巴渝舞"。

槃舞（图20），亦称"杯盘舞""盘舞""七盘舞"等。在进行槃舞的时候，人们首先会在地面上放置七个扁鼓，然后由一个或几个舞者，在鼓的周围以及鼓面上跳舞，同时会有乐队伴乐和伴唱，主要的伴奏乐器包括灵鼓、排箫等。

巾舞也称为"公莫舞"，是一种用手巾或衣袖作为道具的舞蹈。相传鸿门

宴上项庄舞剑，意欲刺杀刘邦，项伯猜出项庄用意，随即甩动衣袖与项庄共舞，以此保护刘邦，并对项庄喊道："公莫！"古人彼此之间常以"公"相称，项伯的意思就是让项庄不要加害刘邦。今天人们用手巾起舞，大概就是效仿当时项伯利用衣袖保护刘邦时的样子。汉代画像石里，多有反映巾舞的画面，从画面中看来，舞者多手持双巾起舞。以山东安丘县出土的一块汉画像石为例，在这块画像石中，有一舞女竖着高高的头发，束着细腰，穿着一件由四片布料组成的舞裙，裙子及地，双手各持一块短巾，翩然起舞。

铎舞是一种用铎作为道具的舞蹈，多用于宴飨等场合。铎是一种古代乐器，类似于今天的铃铛，顶部有一个手柄，里面用绳子系着一枚铜丸。舞者手持铎，和着节拍晃动铎并舞蹈，"身不虚动，手不徒举"。

鞞舞是一种手持鞞鼓而进行的舞蹈，汉代之前已经开始在民间流行，汉时被宫廷用于宴飨等场合。鞞是古代一种带柄的扇形小鼓，因此，鞞舞也被后人称作"鞞扇舞"。山东滕县龙阳店曾出土过一块反映鞞舞场面的画像石，其中左右两个舞者双手持拿双耳的鞞鼓，大步腾挪跳跃，舞姿奔放而热烈。在发展初期，鞞舞的舞者多为十六人，后来，逐渐增为六十四人，场面也愈显壮阔和热烈。

白纻舞最早出现于三国时期的吴国。吴国盛产纻布，织布的女工在劳动之余，会用一些简单的舞蹈动作来肯定和赞美自己的劳动成果，慢慢地形成了白纻舞。女性舞者会身穿质地柔软的舞衣，舞衣的袖子很长，因此舞动起来时显得非常轻盈飘逸。白纻舞主要包括掩袖、飞袖、扬袖等几种舞蹈动作和技巧。掩袖是指舞女身体倾斜时缓缓转身，双手半遮面部，娇媚尽显；飞袖是指舞女在奏乐的配合下，飞快地挥舞衣袖，令人目不暇接，美不胜收；扬袖则是指舞者缓缓地扬起舞袖，饱含含蓄之美。白纻舞的节奏时急时缓，技巧性较高，而且很费体力，因此也常使得舞者在舞蹈结束后汗流满面。

整体而言，汉代歌舞继承了"楚舞"折腰、舞袖的风格特点，同时又吸取了民间杂技乃至武术的特色，样式多种多样，舞姿丰富多彩，张扬而又不失庄严之感，配乐上则多用鼓乐，激越高昂，烘托出一种宏大的气势。

弹指一挥，余音绕梁

古琴在两汉时期发展显著，无论是皇室贵族，还是社会上的文人志士，都对古琴有着很深厚的情感。

古琴细腻而含蓄，常被用来独奏。它的声音古朴而优雅，而这也正是古琴备受当时文人喜爱的重要原因之一。中国文人向来追求一种超脱恬淡的精神生活，古琴的音色恰好能够迎合他们的这种追求和期望。

古琴音乐的兴起和繁盛，自然伴随着大量琴人以及琴曲的涌现。两汉时期，著名的古琴家主要有蔡邕、蔡文姬（图21）、左思等人，著名的琴曲则包括《广陵散》《胡笳十八拍》《高山流水》等。

《广陵散》又名《聂政刺韩王曲》，大约作成于汉末。曲中所表现的故事是：聂政的父亲是一名铸剑的工匠，因为没能在限定的时间内完成一把剑的铸造，被韩王杀害。聂政为了报杀父之仇，苦学琴艺，并最终得到韩王的注意，被召进宫中弹琴。一次，趁韩王迷醉于琴声之中时，聂政突然从琴腹中取出一把匕首，将韩王刺死，杀父之仇得报。

《广陵散》可以分为"刺韩""冲冠""发怒""投剑"等几个片段，而从音乐结构和起承上来说，《广陵散》则可以分为开指、小序、大序、正声、乱声、后序六个部分，共包括四十五个乐段。具体看来，琴曲开始阶段主要表现了作曲者对聂政不幸命运的悲悯和同情；正曲部分则着重表现了聂政情感的发展和变化，体现了他不畏强暴、誓死为父报仇的决心和勇气；正曲之后，

【图 21】 黄均
《文姬辨琴图》

【图22】　［明］佚名《胡笳十八拍图》（局部，此图描绘的是第十三拍）

则主要是对聂政事迹的讴歌和赞颂。全曲由两个主音调交织变化而成，结尾部分加入乱声，将之前所有的音调变化重新归附到主音调之中，全曲结束。《广陵散》是一首战斗气息浓郁的琴曲，充分反映了被压迫者反抗暴力统治的斗争精神，"纷披灿烂，戈矛纵横"，具有很高的艺术表现力，是中国十大古曲之一。

《胡笳十八拍》（图22）也是两汉时期非常有代表性的琴曲之一。该曲的作者是蔡琰，也即蔡文姬，是东汉著名古琴家蔡邕之女。蔡文姬生于汉末乱世，20多岁时被俘虏到匈奴，并嫁给了当时的匈奴左贤王，经历了十二年的异乡生活，在此期间，蔡文姬育有两子。208年左右，曹操命人将蔡文姬从匈奴解救回汉代，《胡笳十八拍》便作于蔡文姬由匈奴返回汉代的途中。

《胡笳十八拍》是一首声乐套曲，由十八章乐曲组成，一章为"一拍"，故而得名。从音乐内容上来看，乐曲以蔡文姬的视角和口气，首先叙述自己生于乱世，不幸被匈奴俘虏的遭遇；然后提及自己在匈奴生下两个孩子，并对他们百般疼爱；又写到自己被汉代解救，既为能够返回故土而感到高兴，又不舍得离开自己的亲生骨肉；接下来叙述重回汉室后如何思念自己的孩子；最终，说明自己将心中的怨气谱入古琴的曲调之中，写成了《胡笳十八拍》。

整体而言，《胡笳十八拍》在音乐表现力上非常突出，情感真挚动人，满含凄楚哀怨的倾诉。李颀在《听董大弹胡笳》中曾经提到："蔡女昔造胡笳声，一弹一十有八拍。胡人落泪沾边草，汉使断肠对归客。"由此可见这首琴曲的动人和深情。而从乐器编配上，《胡笳十八拍》也创造性地将汉族的弹弦乐器古琴，与匈奴的管乐器胡笳融合到一起，营造了一种前所未有的旋律美和音乐张力，为不同民族音乐文化的沟通和交融带来了契机。

知 音

在现代，人们常常把知心朋友称作"知音"。最初，这个词是用来形容伯牙和钟子期的友谊的。相传琴师伯牙在游泰山时，正巧遇到暴雨。为了打发时间，他先是弹了一曲描写雨中景色的曲子，又弹了一曲描绘山崩之景的曲子。可就在这时，琴弦断了。当时的人们认为，如果琴弦断了，说明附近肯定有能明了琴师心情的听琴人。果不其然，伯牙往外一看，岸上的确站着一个樵夫。他便邀请樵夫继续听他弹琴。伯牙先是奏了一曲《高山》，乐曲刚结束，樵夫马上赞叹道：好啊！多么巍峨的泰山！伯牙又弹奏了一首《流水》，刚奏完，樵夫又赞叹道：好啊！多么浩荡的江河！伯牙对樵夫钦佩极了，忙问他的姓名，这才知道樵夫叫钟子期。从此，二人成了莫逆之交。

丝竹之音，鼓乐之器

弹弦乐器

乐器在秦汉时期，已经得到了很好的发展。当时，中原乐器的发展已经趋于完善，少数民族以及西域地区的乐器陆续在中原地区出现。这一时期的乐器种类多样，以箜篌、琵琶、琴、瑟等弹弦乐器尤其富有特色。

箜篌又名"坎侯"或者"空侯"，是一种弹弦乐器。根据形制的不同，箜篌可以分为卧箜篌、竖箜篌、凤首箜篌三种。

卧箜篌是出现最早的一种箜篌形制，在秦始皇时期就已经形成。到了汉代，卧箜篌已经非常流行，据汉乐府《古诗为焦仲卿妻作》记载："十三能织素，十四学裁衣，十五弹箜篌，十六诵诗书。"文中提到的"箜篌"，指的便是这种乐器。卧箜篌的形状与琴瑟非常类似，因此也被称作"箜篌瑟"，唐代杜佑所著《通典》中提到卧箜篌时，形容它"形似瑟"但比瑟小，有七根弦，弹奏起来像琵琶一样。

竖箜篌（图23）是一种外来乐器，约2世纪传入中国，也被称作"胡箜篌"。竖箜篌的外形就像半截弓背，包括二十多条弦，演奏时竖着抱在怀里，用双手的拇指和食指从两面分别弹奏，因此也被称作"擎箜篌"。根据相关的文献记载以及古代壁画中的相关描绘，竖箜篌可以分为二十三弦、二十二弦、

【图 23】 竖箜篌

十六箜篌弦等不同的几个亚种。

　　凤首箜篌实际是竖箜篌中的一种，主要流行于中国古代的西南少数民族，因琴头装饰有凤首而得名。根据晋代曹毗在《箜篌赋》中的描绘，凤首箜篌"龙身凤形，连翻窈窕，缨以金彩，络以翠藻"。由此可见，凤首箜篌的装饰是比较华美的。

　　作为一种古老的弹弦乐器，箜篌历史悠久，造型精美，音色柔润清澈，音乐表现力非常突出。大约从 14 世纪中期左右开始，箜篌逐渐淡出了人们的视野，并最终失传。直到 20 世纪 80 年代初，根据古书的记载和保存下来的古代壁画图形，一种新型的雁柱箜篌被研制出来，箜篌这种乐器才算得到了某种意义上的复活。

　　琵琶也是汉代非常有代表性的一种弹弦乐器。琵琶最初是一种西域乐器，大约在秦朝时期传入中原，通常被用来在马上演奏，向前弹称之为"批"，向后弹称之为"把"，因此得名"批把"。魏晋时期，"批把"正式更名为"琵琶"。

　　汉代的琵琶根据形制的不同，大致可以分为弦鼗（táo）、阮咸、曲项琵琶等几种。弦鼗的音箱形似鼗鼓，故而得名，傅玄所作《琵琶赋》中有"百姓弦鼗而鼓之"的记载，说的就是这种乐器。鼗鼓即拨浪鼓，而弦鼗正是在拨浪鼓的基础上发展而来的，汉画像石中曾经出现过弦鼗的身影，在画面中，人们在柄上张弦，直达鼗鼓鼓面，并弹奏弦以作声。阮咸又称"汉琵琶"，简称"阮"，因魏晋时期的名士阮咸尤其擅长弹奏这种乐器而得名。阮咸（图24）是一种长颈琵琶，木制，直柄，共鸣箱呈圆形，包括四根弦以及十二个柱。曲项琵琶原产于波斯，在南北朝时期传入中原地区，共鸣箱呈梨形，曲项，有四根弦。整体而言，琵琶音域广阔，音色饱满明亮，是中国古代相当重要的一种乐器。

　　瑟也是汉时的一种重要的弦乐器，外形与琴类似，两端有黑漆，其上由二十五根弦组成。早期的瑟由五十根线组成，据《史记·封禅书》记载，太帝让素女演奏五十弦的瑟，旋律非常悲伤，太帝承受不住，于是将瑟改成了二十五根弦。太帝是上古五帝之一，素女曾是太帝身边的一名侍女，由此可

【图24】 ［五代］阮郜《阆苑女仙图》（局部，仙女在弹阮咸）

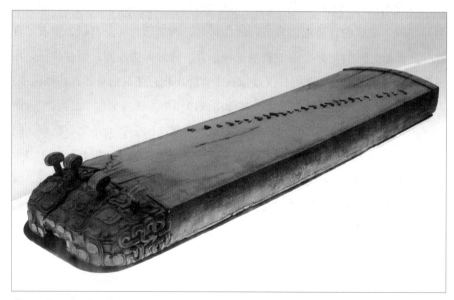

【图25】 马王堆古墓出土的鼓瑟

见，五十弦瑟由来已久。长沙马王堆汉墓遗址曾经出土过一把鼓瑟（图25），保存比较完整，这把瑟有二十五根弦，被三个尾岳分成三组，中间一组有七根弦，内外两组各有九根弦。

鼓吹乐器

汉代鼓吹乐在经历了一段时间的发展之后，根据使用的乐器以及运用场合的不同，可分为鼓吹、横吹、短箫铙歌、箫鼓四类。

鼓吹用到的主要乐器包括鼓、排箫和笳，根据演奏形式和演奏场合的不同，又可以分为黄门鼓吹和骑吹两大类。黄门鼓吹主要用于帝王宴飨等场合，骑吹则主要用于帝王出行时，是乐工从行时演奏的马上音乐。四川成都站东乡青杠坡三号墓曾出土过一块画像砖，其上描绘的便是汉代骑吹的画面，画中绘有六个乐人，骑在马上，分为两排，每排三人，前排居上的人手持旄头，是乐队的领队，六个人各自手持一种乐器，一边行进一边吹奏。

横吹的主要乐器同样包括鼓这种击乐器和角这种吹乐器，故而也被称作"鼓角横吹曲"。横吹被用于军中，通常在马上演奏。

横吹最初的曲调，是由李延年根据张骞从西域带回来的乐曲改编而成的，也即根据《摩诃兜勒》改编的新声二十八解，但魏、晋之后，二十八解已经存世不全，只留下《黄鹄》《陇头》《出关》《入关》《出塞》等十首曲目。

短箫铙歌所用的主要乐器是排箫和铙，短箫铙歌被用于军队中，主要起到整饬军风、鼓舞士气的作用。短箫铙歌的曲目，以《铙歌十八曲》最富代表性，曲式复杂，风格多样。

箫鼓主要用箫和建鼓伴奏，故而得名。箫鼓通常被用于军队之中，表演时，两名乐工站在鼓车上部，分别敲击身边竖立的巨大建鼓，鼓车车厢里则坐着四名乐工，手持排箫演奏。南朝文学家江淹在其《别赋》中曾有"琴羽张兮箫鼓陈，燕赵歌兮伤美人"的描述，说的就是箫鼓这种音乐形式。

第三章

丝路之乐，梵音汉韵

（220—960 年）

三国两晋南北朝时期，出现了具有鲜明南方音乐特征的"清商乐"，并逐渐占主流地位。同时出现了嵇康、阮籍等一批具有独立思考精神的文人音乐家。隋唐时期，随着对外交流的不断加强，佛教音乐、西域音乐大量涌入中原，使得这一时期，无论是乐器还是音乐，抑或舞蹈，都充满了异域风情，宫廷燕乐是最高成就。

【图26】 榆林窟第 025 窟主室南壁上的乐舞场景

寺院歌声

约在公元前 6 世纪，释迦牟尼创建佛教，并以梵呗（bài）的形式念经说法，佛教音乐开始出现。到了公元前 3 世纪，佛教音乐在世界各地流行开来，因为吸收了各地域和各民族的音乐形式，也产生出多种多样的佛教音乐风格。到了 1 世纪中期，佛教从印度，也就是古代的天竺传到中国，中国佛教音乐不但保留了印度和西域音调，还融进中国民族音乐元素。

中国文人为了更好地翻译佛经，开始使用天竺拼音。他们一边参考这些外来字母，一边建立汉文的拼音体系，还给拼音加上了平、上、去、入四个音调。后来这门独立的学科被命名为"音韵学"，它在中国作曲方式以及歌唱技术方面，有着长期的辅助作用。

佛教音乐的表现形式是梵呗，也就是和尚念经的声音。梵即为"清净"，呗意为"歌咏，赞颂"，就是用清净高雅的声音赞颂佛与菩萨。梵呗主要用于讲经仪式、六时行道和道场忏法，其形式多种多样，有独唱，有齐唱，还有合唱，有时还会加入乐器伴奏。不过，梵文与汉文的结构毕竟不同，用汉文演唱梵音或是用梵文咏唱汉曲，都有很大的难度，所以，当梵呗传入中国时，人们大多翻译经文，而梵呗没能得到广泛流传。

据史料记载，曹魏时代的陈思王曹植是我国最早创作梵呗的人。曹植创作的梵呗，以梵音音调为基础，结合新型赞颂形式，既避免了用梵文唱汉曲的乐短辞长，也解决了汉文咏梵音的音多偈迫。他能将佛经与梵音配合得如

【图27】 云冈石窟窟顶上正在翩翩起舞的乐伎

此周密完美，原因在于他将梵语的音韵与汉文的高低音相结合，再配上音乐旋律，可称为"声文两得"。

有了曹植为中国佛教音乐开创先河，历代僧人们也开始尝试创作梵呗。这些僧人懂得很多民间音乐技术，他们既能改编佛曲，也能创作新的佛教乐曲。据梁代僧人慧皎在他的《高僧传》中记载，这些僧人并不墨守成规，而是在延续以往曲调的基础上，敢于大胆创新，使梵呗在中国走上了繁荣兴盛的道路。

除梵呗之外，佛教寺院还常用乐舞和百戏的方式来弘扬佛法，在重大佛教节日或仪式中可以看到。在北魏时期，仅洛阳城就有六座寺院。这些寺院为了劝诱人们皈依佛门，一心向佛，经常在寺院内举办音乐活动或表演百戏。

有时寺院为了取得更好的效果，还在举办庙会期间或在街头进行音乐表演，一方面是为了传扬佛教艺术，另一方面也是为了鼓励人们多参与佛教活动。这样，佛教音乐就得以和民间艺术结合在一起。

中国佛教音乐取材于民间，发展于本土，经过一千多年的锤炼，已经深入民心。有些佛教人士通过音乐，唤起人们的兴趣，还有一些通过吹拉弹唱的形式展示的佛教法事，也引起了人们的关注。

石窟中的舞蹈

在众多佛教石窟绘画中，人们也可以看到乐舞的场面。北凉时期的敦煌莫高窟第 272 窟，有两组精美的舞蹈画面，具有浓郁的印度风格，在弥勒佛两脚交叉坐像的两边，还有很多菩萨边听佛法，边高兴地舞动；第 249 窟是反映北魏时期乐舞的"天宫伎乐"，表现出一种源自西域的乐舞姿态；第 251 窟中是北魏时期，肩披长带，下身穿裙的伎乐飞天，融合了中国民间、印度以及西域等多种乐舞因素。榆林窟、云冈石窟也有很多佛教乐舞画面（图 26、图 27）。这些壁画是当时佛教音乐发展状况的一种反映，说明音乐与佛教寺院和统治阶层的生活息息相关。

胡风烈烈

　　三国两晋南北朝是一个动荡的时代，尤其是西晋灭亡之后，内迁的西方以及北方的少数民族，包括汉族纷纷在中原地区建立政权，民族的融合，波及了当时的政治、经济、文化等多个方面，而体现在音乐上，则是西域音乐向中原地区的涌入，其中对中原音乐影响比较大的，包括龟兹（qiū cí）乐、天竺乐、高昌乐、西凉乐等。

　　龟兹乐，来自西域大国，其鼎盛时期的国土范围囊括今天新疆的轮台、库车、沙雅、拜城、阿克苏、新和六个市县。382 年，前秦世祖宣昭皇帝苻坚的手下大将吕光率领七万重兵讨伐龟兹，龟兹国抵抗不住，被占领，龟兹音乐从此传入中原地区。吕光去世之后，龟兹乐一度在中原地区分散消亡，到了后魏时期，才重新兴盛起来。北周周武帝时期，有一个名叫苏祗婆的龟兹人，跟随突厥皇后一起到达北周，他善于弹奏胡琵琶，所弹奏的琵琶乐曲中有七声，即宫声、南吕声、角声、变徵声、徵声、羽声和变宫声。由此可见，龟兹乐在当时已经有了相当程度的发展。演奏龟兹乐时用到的乐器种类有很多，主要包括齐鼓、竖箜篌、琵琶、五弦等，流传较广的乐曲则包括《七夕相逢》《投壶》《同心髻》等。

　　天竺乐主要指印度音乐。在古代，天竺是现在的印度以及附近其他一些国家的统称。根据《隋书·音乐志》中的相关记载："天竺者……歌曲有《沙石疆》，舞曲有《天曲》。乐器有凤首箜篌、琵琶、五弦、笛、铜鼓、毛员鼓、

【图28】 高昌故城遗址

都昙鼓、铜拔、贝等九种，为一部。工十二人。"

　　高昌乐起源于高昌。高昌位于今吐鲁番市东45千米处火焰山南麓木头沟河三角洲，是丝绸之路上的重镇（图28）。据《旧唐书·音乐志》记载，高昌乐由两个舞者表演。舞者身穿白袄和彩袖，红色的皮靴，红色的皮带，额头也抹成红色。配乐的乐器则包括一个腊鼓，一个腰鼓，一个鸡娄鼓，一个羯鼓，一个箫，两个横笛，两个筚篥，三五把弦琵琶，两把琵琶，一个铜角以及一个竖箜篌。"箫"和"腰鼓"都是中原地区的传统乐器，由此可知，当时，高昌乐与中原地区的音乐已经实现了一定程度的融合。

【图 29】 苏思勖墓壁画中的《乐舞图》（局部）

　　西凉乐是在龟兹乐的基础上发展变化而来的。西凉位于今甘肃西北部，在古时则是汉族和少数民族的杂居之地。西凉乐中有许多风格独特的乐舞曲，其中比较有代表性的包括《神白马》《燕支行》《慕容可汗》《婆罗门》等，旋律优美动人，《旧唐书·音乐志》中曾评价西凉乐"最为闲雅"。西凉乐所使用的乐器主要是钟、磬、弹筝、琵琶、五弦、笙、箫、大筚篥、小筚篥、横笛、腰鼓等（图29），这其中既有传统的汉族乐器，也有西域乐器。

　　西域音乐的大量涌入，首先与当时频繁的战事有关，中原政权和势力的每一次出征，都会从他国俘获大量的乐工和乐器。此外，少数民族居民向中原地区的迁居也是导致西域音乐广泛涌入中原地区的主要原因之一。这一庞大人群对西域音乐与中原音乐的相互影响与交融起到了明显的促动作用。

"华夏正声"清商乐

清商乐又称清商曲，是魏晋南北朝时期兴起，并在当时的各类音乐中占据重要地位的一种音乐，它是在融合旧有相和歌以及南方民歌的基础上发展起来的。

据《魏书·乐志》记载，魏孝文帝征讨淮汉地区，之后魏宣武帝定都寿春，随即收集了从中原地区传来的《明君》《圣主》《鞞舞曲》《公莫》《巾舞曲》《白鸠》及《拂舞曲》等旧曲，加上江南的吴歌以及荆楚西声，统称为清商乐。文中提到的《明君》《圣主》等乐曲，均是旧有的相和歌，因此清商乐可以视为相和歌的直接继承和发展。

清商乐中虽然包含一定数量的相和歌，但其主要组成部分首推南方民歌，又以江南的吴歌以及荆楚西声为主体。

吴歌也叫作"吴声歌"，指的是江南一带的民歌。晋室东渡对吴歌的发展起到了明显的助推作用。作为一种民间歌谣，吴歌的最初演唱形式以"徒歌"为主，也就是清唱，但随着经济的繁荣，吴歌开始传入上层社会，并在演唱时配以乐器伴奏。这一时期的吴歌已经和最初形态的吴歌有明显的差别。

吴歌反映的内容，有很多与爱情等情感生活有关，《子夜歌》《西洲曲》《欢闻歌》《前溪》《阿子歌》等便是这一类的歌曲。如《子夜歌》共包括四十二首乐曲，相传由晋代一位名叫子夜的女子创作，写的全部都是男女恋情，其中歌词写道："始欲识郎时，两心望如一。理丝入残机，何悟不成匹。

前丝断缠绵，意欲结交情。春蚕易感化，丝子已复生。今夕已欢别，合会在何时？明灯照空局，悠然未有期。自从别郎来，何日不咨嗟。黄檗郁成林，当奈苦心多。"深刻表达了一个痴心的凡俗女子对负心男子的怨恨及对婚姻失败的感叹。此外吴歌也有反映民间祭祀的乐曲，例如《神弦歌》，以及反映宫廷生活的《春江花月夜》等。

荆楚西声也叫"西曲""西曲歌"，主要指以江陵地区为中心，长江中游和汉水两岸周围地区流行的南朝民歌。荆楚西声可以进一步细分为"倚歌"和"舞曲"。倚歌的伴奏有鼓吹之乐但没有弦乐，通常短小精悍，歌词大都为五言四句的短诗，《清商曲辞·西曲歌》收录的《青阳度》《女儿子》《来罗》以及《夜黄》等乐曲，均属于倚歌。西曲中的舞曲大都为大型的歌舞，在南朝初期，进行西曲歌舞曲表演的舞者为十六人，舞曲的歌词由多首五言四句的短诗构成。倚歌和舞曲有所区别，但也存在交叉表演的情况，例如西曲中

【图30】 ［东晋］顾恺之《洛神赋图》（局部，其中有展现南北朝乐器的场景）

的《孟珠》一曲，一共可以分为十节，其中前两节属于倚歌，后八节则属于舞曲。西曲现存一百四十二首，内容多描述别离之情、商人妇的相思之苦以及劳动者的爱情生活等，主要作品包括《江南弄》《三洲歌》《莫愁乐》《乌夜啼》《江岸上云乐》等。

清商乐大都柔婉清丽，富有清新自然之美，抒情性强，主要用于宫廷宴飨、娱乐等活动，受到宫廷的重视和喜爱。在伴奏乐器上，清商乐以打击乐器羯鼓为主，还有琴、瑟、筝、筑、琵琶、箜篌和击琴等弦乐器，笙、笛、箫、埙等吹奏乐器（图30）。

豪放不羁的北歌

北歌，即北朝乐府歌曲，也叫作"真人代歌"或者"代北"。后魏的统治者十分看重本民族的民歌，命令宫女朝夕歌唱。周隋时期，北歌开始与西京乐一起演奏。

根据《新唐书·乐志》中的相关记载，北歌大都来自于鲜卑、吐谷浑等三族的民谣，相比于吴声、西曲等偏重抒情、音律柔婉的南方民歌，北歌因产生于战事频繁的北方民族中，风格上大都粗犷豪放，题材上以反映战争、徭役以及人民的苦难生活为主，也有反映爱情题材的。现存的北歌有七十余首，大部分被收录在《乐府诗集》里。

《木兰辞》是北歌中的代表作之一，又名"木兰诗"，作者和创作年代已无从考证，但根据相关文献中的记载来看，该作品应产生于北魏后期。在北歌中，以战争为主要题材的曲目还有很多。例如《隔谷歌》，歌词中提到："兄在城中弟在外，弓无弦，箭无栝。食粮乏尽若为活？救我来！救我来！"又如《企喻歌》："男儿欲作健，结伴不须多。鹞子经天飞，群雀两向波。"与南方民歌中清一色艳丽柔靡不同，北歌的情歌从骨子里就透着一股粗犷和豪放，例如《捉搦（nuò）歌》中曾直言"天生男女共一处，愿得两个成翁姁"，可以看出倾诉者对爱情的直白和坦率。

描写山川风景以及北方人民游牧生活的作品在北歌中也并不罕见（图31），以《敕勒歌》的成就最为突出。敕勒是中国古代的一个民族，位于今

【图31】　内蒙古呼和浩特出土的北魏时期的和林格尔汉墓壁画《敕勒川狩猎图》

山西省北部一带，《敕勒歌》在南北朝时期主要流行于黄河以北的游牧民族。《敕勒歌》唱道："敕勒川，阴山下。天似穹庐，笼盖四野。天苍苍，野茫茫，风吹草低见牛羊。"歌词简短而生动，形象地描述了敕勒川一带蓝天碧草、牛羊成群的迷人景象。

整体而言，北歌虽然在作品数量上无法和南方民歌相提并论，但这并不影响其题材的丰富和多样，而从音乐表现力上来说，北歌真挚热烈，粗犷豪放，不羁间却又透着一股清新自然之气，是一种不可忽视的音乐形式。

花木兰

北魏时期，北方游牧民族柔然族不断南下骚扰，北魏政权规定每家出一名男子上前线。但是花木兰的父亲年事已高又体弱多病，无法上战场，家中弟弟年龄尚幼，所以，花木兰决定女扮男装替父从军，去边关打仗。征战十年，最终凯旋。皇帝因为她的功劳很大，赦免其欺君之罪，同时请她做官。然而，花木兰为了照顾年迈的老父拒绝了皇帝，最终与家人团圆。

你方唱罢我登场

隋唐的宫廷伎乐（图32）十分繁盛，无论在内容还是形式上，都有百花竞放的势头。这一时期的重要音乐形式，包括七、九、十部乐，坐、立部伎，法曲，大曲，优戏，等等。

燕乐

七、九、十部乐，可以分为隋代的七部乐、九部乐，以及唐代的九部乐、十部乐两个部分。

七部乐在隋朝初期就已经形成。据《隋书·音乐志》记载："始，开皇初定令，置七部乐：一曰国伎，二曰清商伎，三曰高丽伎，四曰天竺伎，五曰安国伎，六曰龟兹伎，七曰文康伎。"隋文帝非常重视音乐，开皇初年，他便设立了文中提到的七部乐。

到了大业年间，隋炀帝在七部乐的基础上，增加了康国伎和疏勒伎两部乐，同时改国伎为西凉伎，于是便有了九部乐，即清商伎、西凉伎、高丽伎、天竺伎、安国伎、龟兹伎、文康伎、康国伎和疏勒伎。

唐代初期，宫廷沿袭隋朝旧制，依旧设立九部乐，改天竺伎为扶南伎。

【图32】 〔唐〕佚名《宫乐图》

到了贞观年间，唐太宗去除文康伎，新增燕乐并将其置于九部乐之首，随即形成了唐代的九部乐，即燕乐、清商伎、西凉伎、高丽伎、安国伎、龟兹伎、康国伎、疏勒伎和扶南伎。贞观十六年唐太宗统一高昌，在唐代九部乐的基础上又加了一部高昌伎，于是形成了唐代的十部乐。

七、九、十部乐，均是隋唐宫廷燕乐的乐部名称。到了唐代，燕乐进一步发展，随即产生了坐部伎和立部伎。唐代诗人白居易的《立部伎》中，也有"堂上坐部笙歌清，堂下立部鼓笛鸣"的描述。由此看来，坐、立部伎是按照乐队演奏方式的不同来划分的。

坐部伎是坐于堂上演奏的乐队，用于朝廷宴飨和朝会等场合，表演时，通常由皇帝钦点其中的几首。坐部伎演奏的乐曲，主要有六首，分别是《燕乐》《长寿乐》《天寿乐》《鸟歌万岁乐》《龙池乐》和《小破阵乐》。坐部伎的舞者较少，《鸟歌万岁乐》只需要三个人来表演，《长寿乐》则需要十二个人。

立部伎是立于堂下表演的乐队，使用的主要乐器为鼓和金钲，表演的乐曲气势宏伟，但是表演水平略逊于坐部伎。立部伎由八部乐舞构成，分别是《安乐》《太平乐》《破阵乐》《庆善乐》《太定乐》《上元乐》《圣寿乐》《光圣乐》。立部伎需要的舞者较多，如《上元乐》需要一百八十人表演，人数最少的《庆善乐》也需要六十四个人。

从表演的特点和艺术表现力来看，坐部伎更加强调个人技艺，表演细腻而生动；立部伎则场面宏伟，气势雄壮，动人心魄。

法曲

法曲又名"法乐"，因用于佛教法会而得名，最早出现于东晋《法显传》中。法曲是隋唐宫廷音乐的一种重要形式，因其曲调和所用乐器与汉族的清乐系统相近，优雅动听，因此也被称作"清雅大曲"。法曲中的代表曲目，首

【图33】 谢振瓯《大唐伎乐图》（局部）

推《霓裳羽衣曲》，该曲可分为三十六段，其中散序六段，中序十八段，曲破十二段，融歌、舞、器乐演奏于一体，内容上主要讲述了唐玄宗向往神仙生活，并前往月宫寻找仙女的神话故事。

《霓裳羽衣曲》曲调优美，构思精巧，器乐和舞蹈的编排均非常到位，给人身临其境的感觉，艺术表现力突出，在宫廷之中非常受欢迎。安史之乱后，该曲失传。

大曲

大曲实际也就是大型乐曲，具体也就是指隋唐燕乐中的大型乐舞（图33）。大曲的结构，通常由三部分构成，即散序、歌和破。散序由散板引起，通常包括几首由器乐演奏的乐曲，音乐富有特色；歌也称作"拍序"，是大曲的主要组成部分；破也称作"舞边"，是大曲的结束部分，以舞蹈为主。根据相关历史文献的记载，唐代大曲的主要作品包括《破阵乐》《绿腰》《凉州》《伊州》《玉树后庭花》等。

优戏

优戏可以视为滑稽戏的最初发展形态，"优"在古代指的是滑稽杂耍艺人。优戏最早起源于巫术，到唐代时已经取得了比较明显的发展，参军戏是优戏中的一种，作为优戏中比较有代表性的一类，从唱腔上来看，参军戏一般选用当时的民歌、大曲中的片段，音乐表现力突出，无论在宫廷中还是民间都十分受欢迎。

皇家音乐学院

唐代有四大音乐机构，分别是大乐署、鼓吹署、教坊以及梨园。

大乐署由太常寺管辖，而太常寺是隋唐时期掌管礼乐的最高行政机构。大乐署同时管辖唐代的雅乐以及礼乐，同时也负责对音乐艺人训练和考核。无论对负责教学的乐师还是音乐艺人，大乐署的要求都是非常严格的。

大乐署里面的乐师，每年都要进行一次成绩考核，并分为上、中、下三等，同时上报礼部，满十年后还要进行一次大考，随后根据大考的成绩，决定乐师职位的升降。

对音乐艺人的考核，同样很严格。音乐艺人可以在大乐署中学习十五年，这十五年里，音乐艺人每年都要接受一次考核，累计经过五次上考，七次中考，才能担任与音乐相关的官职，已经学满十五年，但却没有经过足够多次考试的，则不能担任与音乐相关的官职。累计学会五十首以上难的曲目并能够表演的音乐艺人，才能从大乐署毕业。音乐艺人在大乐署学习的过程中，最难的"大部伎"，要学习三年，次难的"部伎"，要学习两年，最简单的"小部伎"，要学习一年。结业之后，行为端正、处事严谨的音乐艺人，可以留在大乐署担任助教；没有学会十首或十首以上较难曲目的音乐艺人，从事与音乐相关职业只能拿到正常工资的三分之一；没有学成任何曲目的音乐艺人，会再被调往鼓吹署，学习大小鼓吹。

鼓吹署同样隶属太常寺管辖，主要负责管辖仪仗活动中的鼓吹音乐，以及一部分宫廷礼仪活动，也即"掌鼓吹施用调习之节，以备卤簿之仪"。其中的"卤簿"，指的是古时皇帝、太子、亲王等出行时跟随的仪仗队，人数从几百人到上千人不等。根据《新唐书·百官志》记载，鼓吹署设有两名令官，两名丞官，四名乐正，令官负责掌管鼓吹乐的节奏。

教坊是一个由宫廷管辖的音乐机构，主要负责培养、训练宫中的乐工。唐代教坊有宫廷里的内教坊，西京的左右教坊以及东京的左右教坊，其中内教坊的乐工技艺最出色。东西两京，左教坊的乐工更善于舞蹈，右教坊的乐工则更善于歌唱。

教坊中的女乐人（图34）根据技艺的优劣以及出身的不同等，分为"内人""宫人"和"搊弹家"三类。天资聪颖、技艺出众的女子，可以住在宜春院里面，称作"内人"或者"前头人"；技艺稍逊的女子，地位也次之，称为"宫人"；普通人家的女儿，凭借相貌选入宫中，学习演奏琵琶、三弦、箜篌、筝等乐器，称作"搊弹家"。在唐代的全盛时期，内外教坊的总乐工数量，将近有两千人，汇集了唐代各种能歌善舞的人才。

梨园是唐玄宗时期一个皇家禁苑中的普通果园，后经唐玄宗提议和倡导，成为演练歌舞的地方，并最终演化为一个音乐机构。唐玄宗精通音律，于是挑选了三百名优秀的音乐艺人，在梨园里指导他们，提高他们的技艺，并将他们称作"皇帝梨园弟子"。

【图34】 ［五代］顾闳中《韩熙载夜宴图》（局部）

留住音乐的魔法

隋唐音乐非常繁荣，而与之相关的音乐理论也呈现出蓬勃发展的势头，记谱法不断地演进，宫调理论也有一定程度的发展。

唐代有多种记谱法，譬如文字谱、减字谱、工尺谱、管色谱、舞谱等。

文字谱是一种用文字记述古琴弹奏指法、弦序和音位的记谱法，所使用的"文字"实际上是一种符号。文字谱的记谱方式繁复难懂，除了少数专业的音乐人，普通人很难看懂，因此在传播和普及上存在先天的缺陷。中国现存的唯一一份古琴文字谱是《碣石调·幽兰》(图 35)，原谱为唐人手抄，之后由六朝梁代的丘明传谱。

减字谱是一种以记写指位与左右手演奏技法为特征的古琴记谱法，是在文字谱的基础上发展变化而来的，相传发明者是唐末的古琴演奏家曹柔。这种记谱方法选取文字谱指法、术语中较有特点的部分组合而成，只记录其中的音高和演奏法，因此得名"减字谱"。和文字谱相比，减字谱的记谱方式要简便许多，因此一直沿用至今，明代张右衮在他的《琴经》一书中曾有"乃作简字法，字简而义尽，文约而音赅"的评价。通过减字谱记谱而得以传世的琴曲有很多，其中最早的一首是姜夔创作的《古怨》。

工尺谱又名"半字谱"，因用工、尺等字记写唱名而得名，是中国民间传统的记谱法之一，同时也是一种流传广泛的记谱法，和很多民族乐器的指法和宫调系统有紧密的联系。工尺谱由管乐器的指法符号演化而成，通常将合、

打宮桃徵大指搯徵起大指還當九案徵羽急全扶徵

羽舉大指屈無名當九十間案文武食指打文下大

指當九案文桃文大指不動又節應武文吟無名散打

宮徵大指不動食指桃文中指無名間拘徵桃文無

名散搯徵食指應武文毄敳大指不動急全扶文武大

指當八案武食指桃武大指緩抑上半寸許 一句 大指當

八上一寸許案羽食指打羽大指都退至八還上趯取聲

大指附絃下當九案羽於羽文作兩半扶桃聲大指兩

節抑文上至八至七盛取餘聲 一句 無名當九案羽大指

當八兴案閃無名打羽大指搯羽起無名當十案徵大

指當九案徵羽即於徵羽作緩全扶無名打徵大指急

盛至尬搯徵起無名疾退下十一還上至十住散桃文

應無名搯徵散應武文無名散打宮無名打徵食指散

桃文中指無名間拘徵羽桃文搯徵應摩武文毄敳一句

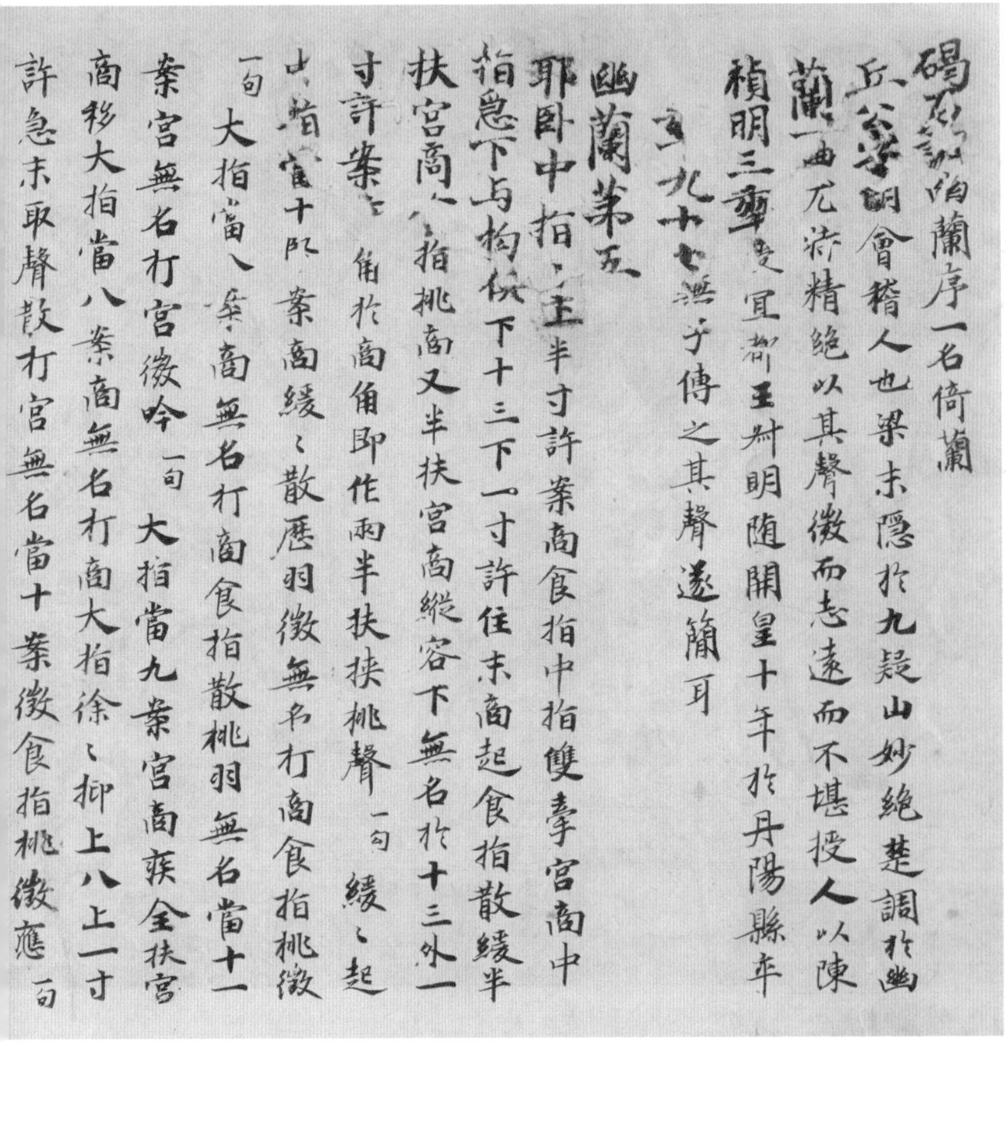

碣石調幽蘭序一名倚蘭

丘公字明會稽人也梁末隱於九疑山妙絕楚調於幽

蘭一曲尤特精絕以其聲微而志遠而不堪授人以陳

禎明三年是宜都王叔明隨開皇十年於丹陽縣卒

時年九十七無子傳之其聲遂簡耳

幽蘭第五

耶臥中指王半寸許案商食指中指雙牽宮商中

指急下與構俱下十三下一寸許住末商起食指散緩半

扶宮商入指桃商又半扶宮商縱容下無名於十三外一

寸許案七角於商角即作兩半扶挑聲 一句 緩緩起

山指當十呎案商緩緩散歷羽徵無名打商食指桃徵

一句 大指當亡案商無名食指散桃羽無名當十一

大指當九案宮商疾全扶宮

案宮無名打宮徵吟 一句 大指當九案宮商疾全扶宮

商移大指當八案商無名打商大指徐徐抑上八上一寸

許急末取聲散打宮無名當十案徵食指桃徵應 一句

【图35】　《碣石调·幽兰》（局部）

【图36】 敦煌第112窟壁画中的反弹琵琶飞天

四、一、上、尺、工、凡、六、五、乙等字样作为表示音高的基本符号，对于同音名的不同音高，工尺谱采用在谱字末笔向上挑或向下撇的方式予以区分，或者是加偏旁"亻"的方式。如表示比"乙"更高的音，则在"尺、工"等字的左旁加"亻"号；如表示比"合"更低的音，则在"工、尺"等字的末笔曳尾。

管色谱是燕乐半字谱中的一种，主要用于为笛子、笙等乐器记谱，同时为宋代俗字谱的出现奠定了基础。唐代诗人张祜的诗作《李谟笛》中曾有"无奈李谟偷曲谱，酒楼吹笛是新声"的描述，其中的"曲谱"，指的就是管色谱。

舞谱是一种记录舞蹈动作和队形的记谱法，在唐代时期已经出现。敦煌石窟（图36）中曾经发现两卷唐五代时期的舞谱残卷，含有八支舞蹈的舞谱，其中主要用"据""摇""送""舞"等词记录舞蹈的动作，发展到宋代，则多使用"雁翅儿""龟背儿""海眼""回头"等术语来记录舞蹈时的动作。

唐 乐

隋唐时期，为了学习中国的先进文化，在近三百年时间里，日本先后二十二次派来遣隋使和遣唐使。日本留学生吉备真备回国时曾带回《乐书要录》十卷，以及律管、方响等各种乐器，学问僧最澄、义空回日本时也带回多种唐代乐器。在今天日本的奈良东大寺内，还保存着中国传过去的许多艺术珍品，包括音乐书籍、乐器和乐曲，并且一直保留了下来。在唐代传去日本的乐曲当中，有许多成为日本当时雅乐的组成部分，并且有着很高的地位，被称为"左方乐"。

为了传播中国音乐文化，中国也派遣了许多人去日本，皇甫东朝就是其中的代表人物之一。日本天平二年（730），皇甫东朝和一同被派往日本的女儿皇甫升女在日本表演"唐乐"，引起了巨大反响。后来由于交通困难不能回国，皇甫东朝和女儿定居在了日本。

第四章

市井之乐，说学逗唱

（960—1840 年）

　　宋元时期，市井音乐异军突起，说唱音乐成为主流。宋代时甚至还有专门表演音乐杂技的艺人和专门进行演出的场地"勾栏"与"游棚"。元代时，戏曲的雏形杂剧和句式更加活泼的散曲成为民间音乐的新宠。明清时期，戏曲音乐一枝独秀。弋阳腔、余姚腔、海盐腔、昆山腔等多种戏曲唱腔在这一时期被确立，京剧、昆曲、豫剧等多个剧种也在这一时期成为独立剧种。除此之外，民间歌舞更加繁盛。

【图37】 ［北宋］苏汉臣《杂技戏孩图》

说得比唱得还好听

宋元时期的说唱音乐

宋元时期是我国说唱音乐发展的繁荣时期，出现了各种各样的说唱音乐，重要的有鼓子词、货郎儿、陶真、唱赚、诸宫调几种。

鼓子词是一种反复演唱同一个词调，每段都有对白叙述故事的说唱形式。因为最开始是用鼓作伴奏乐器，故名鼓子词（图37）。现存的鼓子词多为历代知识分子的抒情之作，如欧阳修的《采桑子》、赵令畤的《商调蝶恋花》，宋元话本《刎颈鸳鸯会》也被认为是鼓子词。

货郎儿是一种建立在"叫声"基础上的说唱音乐。在宋元时期，有一种被称为货郎儿，往来于街头贩卖日用品的商贩，敲着锣或摇蛇皮鼓，唱着货物的名称，这种腔调就被称为"货郎儿"。

随着时间的推移，"货郎儿"逐渐发展成"转调货郎儿"，极大地开拓了音乐变化的可能性，"九转货郎儿"是一种非常高的艺术形式，到元代已经能以一种独立的音乐出现，深受老百姓欢迎。

诸宫调是宋代的一种由宫调各不相同的多种曲牌连接起来演唱的大型说唱音乐，主要体现了宫调的多样性，在南宋、金、元逐渐发展盛行。诸宫调的曲调多种多样，拥有宏大的体制，其伴奏乐器主要由鼓、板、笛，到后来

【图 38】　［明］仇英《西厢记》（局部）

还有了弦索伴奏。流传下来的诸宫调作品并不多，要数金章宗时期董解元的《西厢记诸宫调》（图38）最为完整。其中列举了宫调十四个，连变体在内，加上一百五十一个基本曲调，一共四百四十四个曲调。有一百四十八个曲调被收入《九宫大成谱》之中。

明清时期的说唱音乐

鼓词是一种建立在古代词曲和当地的民间小调基础上的说唱艺术，伴奏乐器除鼓之外，有时也用到其他的乐器，主要流行于北方，明代《大唐秦王词话》为现存最早的鼓词。

后来的鼓词叫"大鼓"，流传于北方的鼓词主要有东北大鼓、京韵大鼓、梨花大鼓。

东北大鼓又叫"辽宁大鼓"，在清代中期形成。最初的东北大鼓由一人手持小三弦演唱，并在腿上绑缚"节子板"击节，因此也叫"弦子书"。东北大鼓流行于农村，以当地人的方音演唱，唱词也不讲究，演出的曲目多为中篇，如《瓦岗寨》《彩云球》《四马投唐》等；曲调丰富，唱腔流畅，有较强的表现力，内容大多取材于戏曲、小说和一些民间故事。

京韵大鼓又叫"京音大鼓"，产生于清代末期，由木板大鼓发展而来，在河北、华北、东北等地区流行广泛。京韵大鼓是一种艺术成就较高的说唱艺术，伴奏既有鼓、板，也有三弦、四胡和琵琶等乐器；唱词主要是七字句，有时也加入嵌字、衬字和垛句，每篇唱词一百五十句；用韵以北京的十三辙为标准，大多一韵到底。著名作品有《单刀会》《风雨同舟》《包公夸桑》《博望坡》《英台哭坟》等。

弹词是流行于我国南方的一种说唱曲艺，在明清两代非常盛行。弹词有着悠久的历史，其文字记载最早见于明代。明臧懋（mào）循《弹词小序》说元末杨维桢避乱吴中时曾作《仙游》《梦游》《侠游》《冥游》四种弹词。明田汝成在《西湖游览志余》也载："其时代人百戏：击球、关扑、鱼鼓、弹词，声音鼎沸。"

弹词有"单档""双档"和"三档"之分，以琵琶、三弦、二胡、扬琴等弹弦乐器伴奏。在唱词上，弹词多用七言诗；在表演形式上，弹词既可以有说有唱，也可以只说不唱；在音乐结构上，弹词属于板腔体，既可以婉转柔美，也可以质朴雄健。弹词的文字可以分为说白和唱词两部分，说白多用散体，唱词多用七言韵文。按语言上的差异，弹词可分为"国音（普通话）"和"土音（方言）"两种。弹词的篇幅有大有小，但以大居多；小型弹词仅由若干首大致相同的曲调组成，大型弹词则有开篇、诗、词、赞、套数、篇子等多个部分。如《榴花梦》就属于长篇弹词，全本有三百六十卷，五百多万字。

按曲调的不同，弹词可分为苏州弹词、长沙弹词、扬州弦词、四明南词、绍兴平湖调等多种。其中，苏州弹词的影响最为突出。

苏州弹词又叫"小书"，在江、浙、沪一带极为盛行。苏州弹词的表演通常以说为主，说中夹唱，"说噱弹唱"是苏州弹词的主要艺术手段。"说"即是叙说，"噱"是指逗人发笑，"弹"是指用三弦或琵琶伴奏，"唱"则是指演唱。其中，"说"的手段尤为丰富，既有叙述和代言，也有说明和议论。在长期的实践中，艺人们创造出了各种手法和技巧，增强了弹词的艺术表现力。苏州弹词追求理、味、趣、细、技的艺术特色，一般以七字句式开篇，以通俗易懂的"书调"作为基本曲调，注重用词、用语的精确生动，讲究语音和语调的变化。

在清嘉庆至道光年间，出现了陈遇乾、姚豫章、俞秀山、陆士珍、马如飞等弹词名家。其中，陈遇乾、姚豫章、俞秀山、陆士珍被称为弹词四大名家。清弹词家马春帆在《耍孩儿》中这样说道："今生岂肯无名死！想当初陈、姚、俞、陆好功夫，敏捷心思。"清徐珂在《清稗类钞》中也云："同治初年吴门弹词家之著名者，为马、姚、赵、王。"在这些艺人中间，以陈遇乾、俞秀山、马如飞最为知名。陈调苍凉粗犷，俞调婉转优美，马调质朴雄健。后来的弹词艺人既吸收了他们的长处，又加入了许多新的创新，大大增强了弹词的表现力。

中国古代的说唱

说唱音乐是一种说话和唱歌混合的艺术，最早可以追溯到春秋战国时期的成相。成相是一种古代民间的艺术形式，其创作者多用它来阐述自己的政治观点，内容通俗易懂，读起来朗朗上口。到了隋唐时期，由于经济的繁荣，不断壮大的市民阶层对娱乐的需要日益增加，说唱音乐已经非常流行，还产生了许多以"说话"为业的人。但遗憾的是，虽然当时有许多关于"说话"的记载，但是像《一枝花》那样的"说话"本子却没有流传下来。

隋唐时期还产生了另一种说唱音乐——变文。变文是唐代寺院中所产生的一种说唱音乐，主要作用是宣传宗教的教义。为了宣传佛教思想，寺院把晦涩难懂的佛教哲理通俗化，变得更加容易让人理解，于是就产生了变文，还出现了许多专门讲唱变文的僧人。这些僧人又分为两类：一类由一些具有高尚德行的僧人组成，听众主要是僧众；另一类是"俗讲僧"，听众主要是老百姓。

杂剧，中国人的音乐剧

杂剧，最早可以追溯到唐代，宋代杂剧（图 39）已经成为一种糅合了歌舞、音乐、故事、调笑、杂技在一起的新的表演形式的专称，到了元代它的发展达到了顶峰。

元杂剧的音乐主要来自北方音乐，但也不乏一些南方曲调、少数民族曲调和外国曲调，既有唐宋大曲的风格特点，也有鼓子词、唱赚和诸宫调的风格特点，同时还包含了唐诗宋词、民间音乐的风格特点。

在演唱形式上，元杂剧的音乐采用了北曲联套的形式；一本戏分为四折，每一折由一些宫调相同的曲牌组成一个有引子和尾声的套曲。四折的套曲宫调各不相同。每套曲子既有由三四支曲牌组成的，也有由二三十支曲牌组成的。其中，以第一折用仙吕（点绛唇）套曲、第四折用双调（新水令）套曲，第二、三折用选择稍显自由的宫调的形式最为常见。但第二、三折的宫调选择即使自由，范围也不能超过仙吕、中吕、南吕、大石调、黄钟宫、正宫、双调、越调、商调几种宫调。元杂剧的曲牌运用灵活多变，既可以用单曲连接，也可以用双曲循环相间连接，或者是用曲调相同、形式不同的曲牌连接。在音阶上，元杂剧采用七声音阶，节奏紧促，旋律高亢，音乐风格雄健而刚劲。在歌词方面，从一些元代著名的杂剧作词家的作品来看，元杂剧歌词的填写比较自由，并没有受到多少字调关系的约束。

【图39】 宋杂剧《打花鼓》

长短，长短，长长短

　　散曲是古代的一种"艺术歌曲"。虽然旋律、节奏、宫调和曲式等方面和宋代兴起的杂剧相近，但不同的是散曲只是一种有器乐伴奏的清唱形式。散曲和杂剧共同组成元曲。

　　散曲是由北方少数民族在进入中原之后，将他们的音乐与中原音乐结合而成的。因此，散曲比"曲子"更具有"胡乐"的风格，更加口语化。

　　散曲分为"小令"和"套曲"两种主要形式。小令又叫"叶儿"，具有词短字少、曲调结构简单的特点。小令是散曲的基本单位，以一个单独出现的曲牌出现在散曲中。张养浩的《山坡羊·潼关怀古》是一首著名的散曲作品："峰峦如聚，波涛如怒，山河表里潼关路。望西都，意踟蹰。伤心秦汉经行处，宫阙万间都做了土。兴，百姓苦；亡，百姓苦。"在这首散曲里，"山坡羊"是曲牌名，"潼关怀古"则是散曲的名称。"套曲"也叫"套数""散套"或"大令"，是建立在唐宋大曲和宋金诸宫调的基础上，结构比"小令"更复杂的一种联合了多个"小令"的大型曲式。例如元代的著名散曲《高祖还乡》就涉及宫调"般涉调"，其中的"套数"由八个曲牌和尾声组成。散曲注重格律的规范和语言的灵活度，押韵灵活，更具有口语化的特点。

　　元代是散曲的繁盛时期。这一时期，出现了许多著名的散曲作家和散曲作品。现今存世的散曲作品有小令三千八百多首，套数四百七十余套。散曲作品著名的有：关汉卿（图40）的《一枝花·不伏老》，王和卿的《醉中

【图 40】 李斛 《关汉卿像》

天·咏大蝴蝶》，马致远的《天净沙·秋思》等。

散曲既继承了词的长短句式和灵活多变的特点，又具备以通俗为导向的口语化和散文的风格特点；在审美取向方面，散曲崇尚明快显豁、自然酣畅之美，但也并不排斥含蓄蕴藉。

红红火火的民间歌舞

明清时期的民间歌舞发展繁荣，汉族歌舞自然也不落下风。流行较广的汉族歌舞主要有秧歌、二人台、花鼓、高跷、花灯等。

秧歌（图41）也叫"社火"，是一种流行于我国北方地区，集歌、舞、戏为一体的民间歌舞。最早的秧歌来源于农民劳作，主要在春节和元宵节表演，在明清极为流行。按地域的不同，秧歌主要分为东北秧歌、华北秧歌、河南秧歌、高平秧歌、西北秧歌、伞头秧歌、山西秧歌、湖北秧歌几种。

二人台又叫"二人班"，流行于内蒙古、山西、河北等地，因采用一丑一旦同台演出而得名。早期的二人台只是农民闲暇时一种自娱自乐的表演，情节简单，角色只有一丑一旦，再配以手帕、折扇、霸王鞭等道具，伴奏的乐器只有笛子、四胡、扬琴和四块瓦，有《红云》《十段锦》等剧目。清代末年，随着表演人数的增加，二人台的剧目开始多了起来，逐渐发展成为民间小戏。二人台的曲调具有浓厚的地方色彩，唱腔基本上为专剧专曲，一曲一调，演唱时分为快、中、慢三种节拍。二人台约有120多个传统剧目，内容多接近生活，如《回关南》《拉毛驴》《摘花椒》《兰州城》等。

花鼓是一种流行于安徽、浙江、湖南、山东、山西等地的民间歌舞。花鼓通常由一男一女进行演出，男执锣，女背鼓，锣鼓伴奏，边歌边舞。由于地域的差别，花鼓在表演风格上也各有不同，比较著名的花鼓有凤阳花鼓、莲香花鼓、翼城花鼓、海安花鼓、湖南花鼓戏、荆州花鼓戏。凤阳花鼓兴起

【图41】 秧歌

【图42】 高跷

于元代末年，与花鼓灯、凤阳花鼓戏被称为"凤阳三花"，有"凤阳一绝"的美称。湖南花鼓戏的曲调多采用山歌、民歌作为素材，历代湖南花鼓戏艺人根据剧情的需要，运用"一宫多变"的规律创作出了多种曲调。湖南花鼓戏的内容多反映劳动人民的生活，具有朴实、明快、活泼的艺术特点。

　　高跷（图42）是一种在我国许多地方都有流行的汉族民间舞蹈。其表演形式为艺人们脚绑高跷，在音乐的伴奏下翩翩起舞，动作雄壮而惊险。关于高跷的起源最早可以追溯到先秦时期，在清代广为流传，清恩竹樵在其诗作《咏秧歌》中曾这样写道："捷足居然逐队高，步虚应许快联曹。笑他立脚无根据，也在人间走一遭。"高跷最早的扮演角色有渔翁、媒婆、傻公子、小二哥等一些通俗人物，随着进一步发展，逐渐出现了刘备、关羽、唐僧、猪八戒、吕洞宾、何仙姑等小说人物形象，所穿的服装随角色的变化而变化。高跷的伴奏音乐主要是民间的锣鼓乐队，以高技巧的动作、生动的表演深受人们的喜爱。

　　花灯主要流行于云南、贵州、四川、湖南等地区，起源于唐代，盛行于明清。其表现形式分为两种，一种有人物故事和丑旦演唱，另一种是由多人手拉着手，载歌载舞。花灯的音乐大多结构短小、曲调流畅，伴奏乐器主要有二胡、月琴、三弦、笛子和一些打击乐器。随着进一步发展，花灯出现芷溪花灯、重庆秀山花灯、泉州花灯、潮州花灯等多个流派。

听人们唱那过去的事情

叙事歌曲是指以叙述故事的方法来反映社会实情的歌曲，其歌词具有强烈的史诗、叙事诗、故事诗的感觉。叙事歌曲词曲更偏向于口语化，歌词采用分节的形式，多以第三人称进行演唱，引用的素材多是一些民歌和曲艺。

明清时期，我国许多少数民族都出现了叙事歌曲，比较重要的有侗族、苗族、彝族、维吾尔族、达斡尔族等。

侗族的叙事歌曲又称"叙事大歌"，主要流行于南侗地区。叙事大歌通常分为男声和女声两种演唱形式：男声大歌雄壮有力，气势磅礴；女声大歌优美明朗，娓娓动听。在演唱形式上，叙事大歌可以自奏自唱，一唱众和，也可以众人合唱。大歌的歌词一般都很长，有几十字、上百字的长句子，也有几十句、上百句的一首唱歌；有的可以连唱几天，最短的也可以唱20分钟。叙事大歌的旋律悠扬，具有较高的艺术性，内容多为一些古老传说和民间故事，常见的伴奏乐器有琵琶、牛腿琴、芦笙、侗笛等。比较流行的侗族叙事歌曲有《莽细和刘美》《珠郎娘美》等。

苗族古歌是苗族著名的叙事歌曲，其内容包括神话故事、历史的迁徙和古代的生产劳动情形等多个方面，是集苗族历史、民俗、建筑、气候、伦理等为一体的百科全书。苗族古歌的演唱颇有讲究：通常要在祭祀、婚丧活动、亲友聚会和节日（图43）等场合才能演唱；多在酒席的场合演唱；演唱者多为老年人、巫师、歌手等。重要的苗族古歌曲目有《跋山涉水》《说古歌》《开

103

【图43】 李乃宙《苗岭三月图》

天辟地歌》等。

　　彝族叙事歌曲的曲调大多取自彝族民歌，由一个或几个乐曲变化、反复组成，和语言联系紧密；既可以演唱有关创世造物、民族历史的故事，又可以作祭祀之用。彝族叙事歌音域不宽、结构短小、旋律变化不大，具有较强的叙事性。比较著名的彝族叙事诗有《阿诗玛》，讲述了聪明美丽的姑娘阿诗玛同封建势力热布巴拉家的斗争故事，歌颂了勤劳、勇敢、自由和反抗精神。正因为如此，阿诗玛也被彝族人民用来形容最聪明、美丽、勤劳的彝族姑娘。

叙 事 歌 曲

　　叙事歌曲分为民歌风格的叙事歌曲和说唱性质的叙事歌曲。民歌风格的叙事歌曲有浓郁的地方风格，是在真人真事的基础上产生和发展的，依靠民间艺人的演唱得以广泛地发展和传播。中国著名的"乐府双璧"——《孔雀东南飞》和《木兰辞》都是有代表性的民歌风格的叙事歌曲。说唱性质的叙事歌曲指的是采用说唱的形式，在歌词中叙述事情，说唱是音乐风格的一种，歌词灵活多变，朗朗上口，句尾押韵。

【图44】 清代时的奏乐班子

吹拉弹唱

明清时期的民间器乐（图 44）发展繁荣。打击乐器、管弦乐器，各种乐器交织在一起，形成各具特色的器乐。在众多的器乐中，影响较大的有十番锣鼓、西安鼓乐、琵琶曲、智化寺音乐、洞经音乐等等。

十番锣鼓又叫"十样锦"或"十不闲"，起源于京师，在江浙一带广为流行。十番锣鼓的伴奏乐器有两类：一类是管弦乐器，如唢呐、曲笛、笙、箫、二胡、板胡、三弦、琵琶等；一类是打击乐器，如鼓、锣、钹、小木鱼等。较为流行的十番锣鼓曲目有《划龙船》《小桃红》《万家欢》等。

西安鼓乐又叫"长安古乐"，是流传于我国西安及其周边地区的一种大型器乐演奏形式。早在隋唐时期，西安鼓乐就已经产生，在历经宋、元、明、清四代后，其曲目、谱式、结构、乐器和演奏的形式依然保存相当完整。西安鼓乐的乐谱都为手抄本，现存最早、最完整的乐谱是清康熙二十八年的抄本《鼓段赚小曲本具全》。与一般民间音乐不同，西安鼓乐因为源于唐代燕乐，所以具备曲调优美、庄重高雅的宫廷音乐特征。西安鼓乐的演奏方式分为"坐乐"和"行乐"两种。"坐乐"主要在室内演奏，分为前后两部分，曲式结构严谨。"行乐"主要在街道和一些庙会上站立演奏，结构形式较为简单，曲调多为散曲，节奏乐器只起伴奏和击拍的作用。西安鼓乐用七声音阶，乐谱属于宋代的俗字谱体系，常用的调为六调、尺调、上调、五调，保存下来的曲目和曲牌有上千首。

【图 45】 青春版《牡丹亭》舞台剧照

南腔北调

从明代初年开始，南戏逐渐取代北杂剧而迅速发展。南戏的出现，为以南曲为主体，具有多种腔调的传奇戏剧的形成提供了条件。传奇剧兴起之后，以海盐腔、余姚腔、弋阳腔、昆山腔四大声腔为主的各种腔调开始出现。

海盐腔产生于浙江海盐，在宋代就已经出现。海盐腔采用曲牌联套的结构，伴奏的乐器都为打击乐器，如鼓、板、锣等，腔调柔婉细腻，分为生、旦、净、末、丑五种角色。

余姚腔产生于浙江余姚。在宋元时期，余姚腔就已经十分盛行，每逢重大节日和集会都会搭台演唱，还出现了一批"戏文弟子"。到了明代，余姚的梨园弟子已经遍布全国各地。余姚腔采用"滚调"唱法，字多腔少，结构为曲牌联套。

弋阳腔产生于江西，明代的时候，在江苏、安徽、福建等地流行较广，在清代也被称为"高腔"。弋阳腔的音乐风格为"一唱众和"，即由一人演唱，多人帮腔，声调热烈奔放。弋阳腔为曲牌联体结构，灵活而多变，句法和用字不受拘束，音调明快欢畅，只用打击乐器进行伴奏。

昆山腔又叫"昆曲"，形成于元代，发源于江苏昆山，明代经过魏良辅等一批音乐家的改进，逐渐形成了以后的"水磨腔"。"水磨腔"吸收了海盐腔、弋阳腔的特长，曲调轻圆舒缓、轻柔婉转。到了明万历末年，昆曲已经发展成一种全国性剧种，被称为"官腔"。昆曲的曲调既有北方的慷慨激昂，也

【图 46】　昆曲《桃花扇》舞台剧照

有南方的婉转柔和，所用的伴奏乐器有笛、笙、唢呐、三弦等多种。自明天
启之后，昆曲进入了发展的繁荣时期，出现了《牡丹亭》(图 45)、《桃花扇》
(图 46)、《长生殿》、《玉簪记》等多部著名昆曲作品。

万历皇帝的琴

明清时期，中国和欧洲在音乐上相互影响。

1582年，意大利传教士利玛窦来到中国，带来一张"西琴"进献给万历皇帝，这也是古钢琴第一次进入中国。万历皇帝让四名太监跟随他学习音乐，一个月后，这四名太监每人学会了一首乐曲。随后，精通音乐思想的利玛窦还为四名太监编写了中文歌词《西琴曲意》八首，并把天主教思想融入其中。利玛窦也是客观向西方介绍中国音乐思想的第一人，为以后的传教士们"西学东渐""中学西传"开了先河。

1662年，德国传教士汤若望（图47）来到中国，为明崇祯皇帝修好了利玛窦所献的古琴，并且撰写了一本中文的《钢琴学》。1672年，葡萄牙传教士徐日昇抵达澳门，随后成为宫廷乐师并负责教康熙皇帝音乐。1750年，法国人钱德明来澳门学习和研究中国音乐，还用中文写了《中国古今音乐记》一书。

除此之外，清代还出现了受西方音乐思想影响的中国人，吴渔山就是其中的一位。吴渔山，江苏常熟人，号墨井道人，清代天主教中国籍神父，书法家，著有《墨井诗钞》《三巴集》等著作。他精通古琴，著有《天乐正音谱》。《天乐正音谱》是一部天主教圣诗，完全由中国传统音乐的曲牌和古歌词填词而成。全谱共有完全由曲牌填词写成的南北曲九套，拟古乐歌二十章。《天乐正音谱》的创作方式堪称是音乐史上的一次壮举。

明清时期，中国的音乐还影响了一些西方作曲家。如俄国柴可夫斯基的

【图47】 汤若望

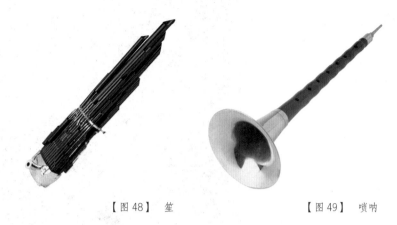

【图 48】　笙　　　　　　　　　　　　　　　【图 49】　唢呐

舞剧《胡桃夹子》中就有《中国舞曲》，意大利作曲家贾科莫·普契尼在其歌剧作品《图兰朵》中加入了中国民歌《茉莉花》，美籍奥地利作曲家克莱斯勒所创作的小提琴曲《中国花鼓》，等等。

乐器的"西传"与"东渐"

　　笙（图 48）是我国一种古老的乐器，在先秦时期就已经出现。1777 年，法国传教士阿米奥将笙带到欧洲。从此以后，笙对西方乐器的发展产生了深远影响。1780 年，丹麦管风琴制造家柯斯尼克根据笙的簧片原理制造出管风琴的簧片拉手，这才有了后来管风琴的自由簧。1810 年，法国乐器制造家格列尼叶发明风琴。德国人布什曼 1821 年发明口琴，又于次年发明手风琴。1840 年，法国人德班发明簧风琴。这些发明，都受到了笙的启发。

　　唢呐（图 49）源于西亚波斯，约于金、元时期传入中国，但未见于文字记载。到了明代，唢呐开始出现于当时的典籍中。明代后期，唢呐已成为戏曲中伴奏唱腔、吹奏过场曲牌的一种重要乐器。到了清代，唢呐以"苏尔奈"之名被编入宫廷的"回部乐"。

第五章

西乐东渐，以乐育人

（1840—1949 年）

科举制度废除后，作为美育的重要手段，新式学堂的音乐课成为学生学习现代音乐的摇篮，学堂乐歌成为主流。此外，专业音乐教育也出现了，北京大学附设音乐传习所、国立音乐专科学校等为中国近现代培养了一大批音乐人才。1930 年至 1949 年，以聂耳、冼星海为代表的爱国音乐家创作的抗日救亡歌曲，如同吹响战斗的号角，激励着一批又一批的中国人。

【图 50】 萧友梅雕像

萧友梅：中国现代音乐教育之父

　　萧友梅（图 50），原名乃学，字思鹤，1884 年出生于广东香山（今广东省中山市）。1889 年，5 岁的萧友梅跟随父亲移居澳门。1901 年留学日本，先后在东京高等师范附中、东京音乐学校、东京帝国大学学习钢琴、唱歌以及教育学等。1909 年，萧友梅前往德国公费留学，被莱比锡大学授予哲学博士学位。之后，萧友梅又前往柏林大学进修哲学、伦理学、音乐、美学等课程，最终于 1920 年返回祖国。

　　回国之后，萧友梅受任教育部编审员以及北京高师附属实验小学主任。第二年，受蔡元培的邀请，萧友梅出任北京大学国文系讲师兼音乐研究会导师。1922 年，北大音乐研究会改组为北京大学附设音乐传习所，萧友梅任传习所教务主任。萧友梅在传习所成立了一支小型管弦乐队，并亲自担任指挥，先后举办过四十余次音乐会，在当时颇受欢迎。

　　1927 年 6 月，奉系军阀张作霖接管北京政权后，北京政府教育总长刘哲以音乐"有伤社会风化""浪费国家钱财"为由，下令停办北京国立学校的全部音乐系科，北京大学附设音乐传习所被迫解散，萧友梅随即前往上海，积极筹建国立音乐院。同年 10 月份，蔡元培出任南京政府大学院院长，在他的协助和呼吁下，萧友梅创办国立音乐院的请求终于得到批准。萧友梅担任国立音乐院教务主任，并开始招生。国立音乐院是中国第一所专业高等音乐学府，第一次招生总共录取了 23 名学生。1929 年，国立音乐院更名为"国立音乐专科学校"，萧友梅出任校长一职。他有着丰富的从业经验，即使条件艰苦、经费短缺，他仍然坚持办学。因不能按时交纳房租，音乐院竟迁校八次，有时新地址的教室数量不够，萧友梅就把自己的办公室贡献出来供学生上课，他经常开玩笑似的对师生们说"搬迁是我们学校的家常便饭"。

萧友梅从国外音乐大学引进先进的教育体制，从测验、考试到升级、毕业均采用学分制的形式，这样既能增强学习的积极性，鼓励学生勤学苦读，又能因材施教，有效开发学生潜能。在教材选择上，萧友梅也会层层把关，严格挑选，只有以中外经典音乐文献为主的教材，才能让学生使用，这就保证了音专高质量的教学水平。在课程设置上，音专为将音乐教育与中国民族音乐相结合，除了开设中国音乐史和中国古典文学等课程外，还加入了包括琵琶、二胡、笛子在内的民族器乐课，并且设置了本科、研究班、师范科以及选科等制度。在萧友梅的努力之下，国立音乐专科学校逐渐发展成一所规模和水准均十分突出的高等音乐学府。

萧友梅认为拥有合格的音乐教师才能带动音专的蓬勃发展，因此他先后从国内外聘请了一批优秀的音乐人才到音专任教，有俄罗斯著名钢琴家查哈罗夫、声乐家苏石林，国内著名声乐教育及指挥家周淑安、作曲家兼声乐家应尚能等。从 1927 年办学以来的 10 年里，音专的教师队伍就扩大到 41 人，为该校进行高质量的音乐教育打下了坚实的基础。

萧友梅一直秉承因材施教的原则，只要是音乐人才，他就破格录取，哪怕学生付不起学费，他也会尽全力为他们提供音乐教育。

因为萧友梅珍才惜才，他为中国培养出一批又一批优秀的音乐人才。钢琴系的丁善德、李翠贞、范继森等，作曲系的贺绿汀、陈鹤田、刘雪庵、钱仁康等，声乐系的周小燕、高芝兰、郎秀敏等，还有冼星海、李元庆、张曙、李焕之等从国立音专走出去的人，日后都成为我国近现代音乐界的中流砥柱，为我国音乐事业的繁荣与发展做出了突出的贡献。

刘天华的"金手指"

刘天华是江苏江阴人，1895 年出生，17 岁和兄长刘半农来到上海，在一个剧团里从事乐器演奏，从此对音乐产生浓厚的兴趣，并立志一生为音乐事业奋斗。19 岁那年，剧团解散，刘天华回到家乡任教，这时，他发现了中国民间音乐的无穷魅力，开始跟随各类民间艺人学艺。只用短短几年时间，他就熟练掌握了常人要花费十几年甚至几十年才能掌握的琵琶、二胡、笛子、古琴、三弦等民族乐器的演奏技术。他还接触了京剧、昆曲、丝竹乐，之后就有了向民族器乐创作领域迈进的想法。

1915 年，20 岁的刘天华着手创作《病中吟》，1918 年定稿。这首乐曲共分为三个段落和一个尾声。第一段表现了一种苦闷抑郁的情绪，旋律婉转缠绵，有沉吟慢诉之意。第二段作者想要表达一种摆脱苦闷，求得解脱，与黑暗势力斗争到底的决心，所以用急促紧迫的旋律和强有力的节奏来表现。第三段音乐篇幅不长，不过在以第一段的主旋律为基础的情况下稍做变化，情感表达更加细腻深入，表现作者在黑暗中寻找光明，在失望中寻找希望的信心。接着乐曲转入激情高涨、强而有力的尾声，最后音乐冲上高音，转而急剧跌落，又给人带来失意与忧愁之感。刘天华将自己所有的痛苦与挣扎都融入《病中吟》之中，不但表达了自己反抗社会黑暗的坚强意志，也流露出对美好生活的无限期待。

1918 年，刘天华开始创作《空山鸟语》，十年之后才完成定稿。《空山鸟

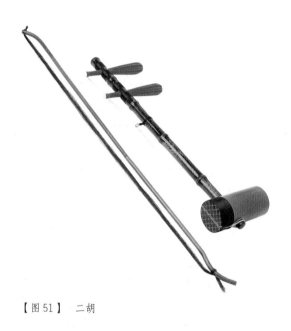

【图 51】　二胡

语》取材自唐代诗人王维的《鹿柴》，作者把"空山不见人，但闻人语响"的诗句改为了"空山不见人，但闻鸟语声"，描绘了家乡江阴黄山竹林遍布、鸟语花香的美丽景色。这部乐曲于 1993 年获中华促进会"华人 20 世纪音乐经典作品奖"。

《良宵》，又名《除夕小唱》，是刘天华音乐作品中唯一一首即兴创作的乐曲，也是所有作品中最短的一首曲子，它不但包含了作者对民族音乐事业走上佳境的祝愿，也表达了除夕之夜人们欢聚一堂、辞旧迎新的喜悦。整首曲子始终以一条线为主旨，其中穿插锣鼓和音响的模拟声，使乐曲的节日色彩更加浓厚。

刘天华将民族音乐与西方音乐技巧相结合，在民族器乐创作上取得了很大成功。他以二胡（图 51）为突破口改进国乐，加入琵琶、古琴等民族乐器的演奏技法，从而使这件古代并不受人重视的民间乐器变成近代专业独奏乐器，成为中国民乐的主角与代表，二胡从此成为中国传统音乐会（图 52）上常见的乐器，因此，刘天华也被人们称为"二胡鼻祖"。

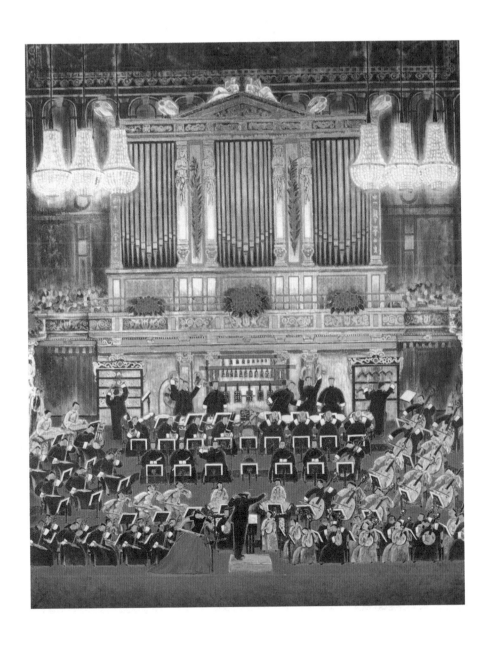

【图52】　金松《中国民乐系列·金色回响》

【图 53】 许勇《义勇军进行曲》

天下兴亡，匹夫有责

聂耳原名聂守信，1912 年出生于云南昆明，祖籍云南玉溪。1918 年，聂耳就读于昆明师范附属小学。利用课余时间，他学会了演奏二胡、三弦等乐器，并担任学校乐队的指挥。1925 年，聂耳小学毕业，并考入云南联合第一中学，开始学习钢琴和小提琴的演奏。1931 年，聂耳进入黎锦晖主办的明月歌舞剧社，担任小提琴手。

1932 年 11 月份，聂耳进入联华影业公司工作，参加了"苏联之友社"的音乐小组，并组织创立了"中国新兴音乐研究会"。两年之后，聂耳加入百代唱片公司，并于 1935 年升任音乐部主任。为躲避国民党逮捕，聂耳东渡日本，并借此机会在日本深造。1935 年 7 月 17 日，聂耳在日本藤泽市鹄沼海滨游泳时，不幸溺水身亡，年仅 23 岁。

聂耳是中国无产阶级革命音乐的先驱，也是中国救亡音乐的一面光辉旗帜。他的很多音乐作品，都与人民群众的政治热情以及抗日救亡有关，群众影响极其广泛。聂耳的创作，主要集中于他任职于百代唱片公司期间，前后只有两年多时间，作品总数不足 40 首，但很多都成为传唱极广的经典曲目。按照乐曲的类型区分，聂耳的作品大致可以分为群众歌曲、劳动歌曲、抒情歌曲以及儿童歌曲，其中群众歌曲以《义勇军进行曲》最富代表性，劳动歌曲以《码头工人》《大路歌》为代表，抒情歌曲中有《铁蹄下的歌女》《塞外村女》等优秀作品，儿童歌曲中则有《卖报歌》等佳作。

　　《义勇军进行曲》（图 53）创作于 1935 年，最初是聂耳为上海电通公司所拍摄的故事影片《英雄儿女》创作的主题歌。这首歌曲激励人心的歌词以及旋律很快传遍了中国各地乃至海外。1949 年 9 月 27 日，中国人民政治协商会议第一届全体会议通过关于以《义勇军进行曲》为国歌的决议。2004 年 3 月 14 日，第十届全国人民代表大会第二次会议正式将《义勇军进行曲》作为国歌写入《中华人民共和国宪法》。

　　《大路歌》由孙瑜作词、聂耳谱曲，创作于 1934 年，是电影《大路》的主题曲。《大路》是一部反映工人阶级生活和劳动的影片。为了更好地反映筑路工人的生活和情感，聂耳深入到筑路工地，和工人一起劳动和生活，十分准确地了解了他们的生活状况与内心感受，最终完成了《大路歌》的创作。劳动号子的呼喊，将筑路工人的筑路热情以及追求自由和崭新的生活的决心，很好地体现了出来。

《毕业歌》

　　《毕业歌》创作于 1934 年，由田汉作词，聂耳作曲，是电影《桃李劫》的插曲。《毕业歌》是影片中一群青年毕业前唱的，表达了"天下兴亡，匹夫有责"的爱国热情。歌词"听吧，满耳是大众的嗟伤；看吧，一年年国土的沦丧""我们要做主人去拼死在疆场，我们不愿做奴隶而青云直上"激励了无数身处苦难的中国人，深受广大群众，尤其是青年学生的喜爱。《毕业歌》随着影片公映，对促进我国革命运动产生了积极影响。许多学生高唱着《毕业歌》投笔从戎，成为抗日救亡运动中的骨干力量。

船工的儿子，人民的音乐家

　　冼星海是中国现代著名的音乐家，有"人民音乐家"之称，1905 年生于澳门，广东番禺人。7 岁时，冼星海跟随母亲前往新加坡，并开始接触音乐。1926 年，冼星海先后进入北京大学音乐传习所，以及国立艺术专科学校选修小提琴。1928 年，冼星海进入国立音乐学院学习小提琴、钢琴以及音乐理论。

　　1929 年冬天，冼星海乘船前往巴黎，开始了艰苦的勤工俭学生涯，先后师从帕尼·奥别多菲尔学习小提琴，师从路爱日·加隆学习和声、赋格以及对位，师从万桑·丹第学习作曲。

　　1935 年，冼星海从巴黎返回祖国，并先后进入百代唱片公司以及新华影业公司工作，创作多部音乐作品。1938 年，冼星海与妻子钱韵玲装扮成侨商抵达延安。1940 年，为完成大型纪录片《延安与八路军》的后期制作和配乐工作，冼星海从延安出发，抵达莫斯科。1944 年，冼星海因患肺炎住院治疗。1945 年 10 月 30 日，冼星海病逝于莫斯科，终年 40 岁。

　　从一个贫苦的船工子弟到一位伟大的音乐家，冼星海的一生艰辛而又丰富。在十余年的创作生涯中，冼星海先后创作了 250 余首歌曲，4 部大合唱，1 部歌剧，2 部交响乐，4 部管弦乐组曲，1 部狂想曲，以及多首器乐独奏曲、重奏曲。

　　《黄河大合唱》是冼星海的四部大合唱之一，也是他的代表作。该曲创作

【图54】 杨力舟、王迎春《黄河在咆哮》

于1939年3月，由八个乐章组成，分别是混声合唱《黄河船夫曲》，男声独唱《黄河颂》，配乐诗朗诵《黄河之水天上来》，女声合唱《黄水谣》，对唱及轮唱《河边对口曲》，女声独唱《黄河怨》，齐唱及轮唱《保卫黄河》(图54)和混声合唱《怒吼吧，黄河》。该曲以黄河为主题和背景，热情讴歌了中华民族的光辉历史以及人民群众的坚强不屈，富有鲜明的民族风格和时代特征，旋律激昂，配乐宏伟壮阔，令人震撼，是一部非常优秀的大型声乐作品。

　　冼星海还创作了一大批抗日救亡歌曲，例如四部合唱《救国军歌》，二部合唱《到敌人后方去》《在太行山上》等。《在太行山上》是一首合唱曲，创作于1938年，是为山西境内浴血奋战、抗击日本侵略者的军民而作的。该曲由两部分组成：第一部分又可以分为前后两个乐段，前段富有抒情气息，后段转入平行大调，奔放中又不失柔情；第二部分则是进行曲风格，节奏铿锵，一步步将乐曲推向高潮。它旋律激昂，满含爱国主义情怀，是一首优秀的抗日救亡歌曲。

外国音乐

第六章

为赞美而音乐：
从古希腊到文艺复兴

（前 800 年—16 世纪）

古希腊人将音乐和诗歌等同，将其看作是一种高尚的修养；而古罗马人只把音乐当作享受的工具。当基督教统治了欧洲，教会音乐成为中世纪音乐的主流。随着文艺复兴的到来，代表人性觉醒的世俗音乐、器乐都得到了极大发展。

【图55】　［法］安格尔　《缪斯诞生》

缪斯的恩赐

古希腊是西方文明的起源地，在古希腊文化中，有诸多神话传说，其中不少与音乐有紧密的联系。就拿音乐的起源来说，古希腊人认为音乐是由太阳神阿波罗和九位缪斯女神（图55）创造的。现在欧洲的很多语言中，"音乐"一词就是由"缪斯"演化而来的。

古希腊的音乐都是和诗联系在一起的，其中诗处于主体地位，音乐则是诗的附属，音乐的节奏和曲调要跟随诗词的变化而变化，其节奏通常是由诗词的长度来决定的，分为长音节和短音节，一个长音节大概相当于两个短音节。其曲调是同古希腊语言一致的，古希腊语本来就有一种韵律感，古希腊诗人大多是按照古希腊语天然的韵律来为诗词谱曲的。

伯罗奔尼撒半岛上的斯巴达曾经发生瘟疫，斯巴达人请来音乐家萨米塔斯，请他用唱诵太阳神颂歌的方式来驱赶瘟疫。太阳神颂歌是一种合唱形式，不久斯巴达人学会了合唱，并且很快使合唱成了古希腊主要的音乐形式。后来合唱又朝两个方向发展，一是发展为古希腊的悲剧，一是发展为音乐家的独唱。在此期间，体育竞技比赛还有音乐比赛在这一地区兴盛起来。

在公元前676年的斯巴达音乐比赛上，来自爱琴海东边的累斯博斯岛的著名诗人泰尔潘德罗斯取得了胜利。后来斯巴达人的很多战歌都是由他创作的。公元前6世纪初，靠近累斯博斯岛的地区形成了一个音乐诗歌学派，代表人物有阿尔凯奥斯和萨福。这两人都出身于贵族阶层，却都反对剥削，因

【图 56】　古希腊陶瓶画上的里拉琴

此经常逃亡在外。阿尔凯奥斯的诗歌里有颂歌，有战歌，有情歌，而最多的则是饮酒歌。他的诗歌中处处洋溢着一种乐观向上的精神。萨福是古希腊最著名的女诗人，创作了大量的诗歌，可惜只有两首完整地流传到今天。她的诗感情真挚，极为感人。阿尔凯奥斯和萨福都创造了独具特色的诗歌格律，被后世模仿。

　　古希腊著名的抒情诗歌人物还有合唱歌诗人品达罗斯和巴克基利得斯，他们的代表作是为体育竞赛中优胜者所写的颂歌。

　　经过不断的发展，古希腊逐渐出现了悲剧和喜剧，成为古希腊文明里最杰出的成就之一。大概从公元前 534 年开始，悲剧成为雅典春季迎神赛会的组成部分。这一时期成就最高的悲剧作家是埃斯库罗斯、索福克勒斯和欧里庇得斯三人。和悲剧一样，古希腊的喜剧也源自于迎神赛会，不过是庆祝丰收的，最开始只有插科打诨的笑料，后来才发展成为有故事情节的喜剧。最著名的喜剧诗人是阿里斯托芬。

古希腊戏剧的发展，促使伴奏音乐有了长足的进步。戏剧音乐中出现了独唱和合唱。最常见的结构是以"开场白"开始，然后是合唱队的"进场曲"，还会出现几个不等的戏剧场面和"合唱歌"，最后以"退场"结束。

除了悲剧和喜剧，古希腊音乐还包括荷马时代的英雄史诗、宗教崇拜颂歌、独唱抒情诗歌、合唱、器乐独奏和舞蹈音乐。

提到音乐，古代希腊主要的乐器有弦乐与管乐两类，里拉琴（图56）和阿夫洛斯管分别是这两类乐器的代表。里拉琴和阿夫洛斯管在希腊传说中是由不同的神发明和使用的，因此它们在演奏上往往与不同的神的崇拜相联系。

里拉琴常常与阿波罗崇拜密切相关。古希腊的琴是拿在手里弹奏的，最初只有两三根弦，后来逐渐发展到七弦。里拉琴常用于颂歌或史诗伴奏。阿夫洛斯管则常常用于敬奉酒神狄俄尼索斯，演奏时声音尖硬，具有很强的穿透力，给人以狂放和野性的感觉，是古希腊狂欢节和悲剧演出中不可或缺的乐器。有趣的是，在西方世界，阿波罗和狄俄尼索斯恰好代表了理性和感性两种精神世界。

这个时期，音乐理论也出现了萌芽。说到古希腊音乐的理论，首先要提到的当属大名鼎鼎的毕达哥拉斯学派。毕达哥拉斯学派由天文学家、数学家、音乐家构成，是西方文艺史上最早用理论解释艺术的学术流派。

毕达哥拉斯学派由学者毕达哥拉斯创立，他认为数是自然的本质，事物的属性是由数量关系决定的，自然万物则是按照一定的数量比例而构成的，音乐也不例外。传说毕达哥拉斯为了证明这个理论，还用单弦的弦音计做了一个实验。实验证明，如果两根弦比例为2：1，就能产生相差八度的音；如果两根弦比例为4：3，就能产生相差四度的音；比例为9：8的话，就能产生相差两度的音。不过这些并不是毕达哥拉斯本人的著述，而是后人的流传。毕达哥拉斯学派的学者们均认为，音乐与数字密不可分，是由高低长短轻重各不相同的音调按照一定的数量上的比例组成的，"音乐就是对立元素的和谐统一，把杂乱变成统一，把不和谐归为和谐"。

　　音乐理论的出现，使古希腊的音乐家们可以利用相关理论，采用数字或字母来记录乐谱。根据史料记载，古希腊的乐谱分为两种：一种是器乐谱，另一种是声乐谱。古希腊乐谱和现代乐谱的最大区别是只有音高没有节奏。

音 乐 的 组 成

　　构成音乐的要素很多，其中节奏和旋律是最基本的两个要素。节奏指声音的长短和强弱，旋律是指不同音高的乐音有秩序地排列起来。除了纯打击乐，节奏和旋律是音乐不可分割的组成部分，节奏是音乐的骨架，而旋律是音乐的灵魂。

征服者的歌唱

在文化史上，古罗马一向被认为是古希腊的继承者。有趣的是，古希腊这位老师是被弟子古罗马征服的，两种文化有着千丝万缕的关联。古希腊后期的喜剧被罗马的喜剧作者们大量抄袭，以至于罗马喜剧变成了古希腊后期喜剧的改写翻译版。因此，人们在今天的罗马喜剧里还可以感受到古希腊后期喜剧的特点。

和戏剧一样，古罗马音乐也是古希腊音乐的延续。

起初，罗马人的音乐欣赏水平还比较低，在进行音乐表演的时候，必须加入其他的刺激因素，才能得到罗马人的赞赏。后来，大量希腊音乐家进入罗马，向罗马人传授音乐知识，从而提高了罗马人的音乐欣赏水平。

罗马皇帝尼禄是音乐的忠实爱好者，他恢复了希腊的音乐比赛，并且向希腊人学习音乐技巧。为了参加音乐比赛，尼禄非常重视对自己嗓子的保养，远离一切伤害嗓子的东西，甚至专门雇了一个人，提醒自己时刻保护嗓子。尼禄还参加音乐比赛，并举行了巡回演出。

古罗马人在继承古希腊音乐的同时，又有自己的特色，首先表现在对音乐的态度上。古希腊人把音乐当作一件崇高的事情，而罗马人则将音乐看作是纯粹的娱乐。希腊人只允许国家公民参与音乐，奴隶是没有这种权利的。而罗马人则开始专门训练有音乐天赋的奴隶，以供自己娱乐。

罗马音乐的特色还体现在对乐器的使用上，这一点源自于罗马人喜欢

【图57】 古罗马人正在演奏乐器

喧闹的本性。为了达到热闹的目的，罗马人在表演音乐的时候大量使用乐器
（图57）。在284年的罗马赛会上，音乐表演竟使用了400件左右的管乐器，
乐器的尺寸和音量也达到了夸张的地步，阿夫洛斯管已经发展得和大号差不
多，里拉琴的尺寸则大得和一辆马车差不多。

在社会生活中，音乐无处不在。宫廷和贵族们的家里都拥有庞大的乐队，
乐队的成员绝大多数都是奴隶。古希腊的戏剧也被古罗马狂热的斗兽替代。
古希腊用来抒情和表现修养的音乐在古罗马人那里变成了炫耀权势和享乐的
工具。

313年，罗马统治者君士坦丁一世颁布米兰敕令，承认了基督教在国家
的合法地位。基督教改变了昔日秘密性的宗教组织，变成了统治者的工具。

音乐由于其没有国界、不分语言的特点，成为教会宣传基督教的最好工具。

自从米兰敕令颁布后，罗马帝国形成了两个基督教音乐的中心。一个是罗马城，另一个则是米兰。在罗马城，教皇西尔维斯特创办了第一所教会歌唱学校，教皇利奥一世把一年中每个宗教节日的圣咏合编为《利奥圣礼书》，这是已知的最早的圣礼书。

在米兰，圣·安布罗斯大胆地用东方的咏唱和交替合唱两种方式来演唱《圣经》里面的诗篇，成为最早将东方的歌唱介绍到西方教会的人，在西方音乐史上占有重要地位。圣·安布罗斯还准许和宗教没有关系的俗人参与演唱，使教会音乐得以在民间广泛发展和普及。由于圣·安布罗斯开创了教会音乐发展的先河，因此被誉为"西方教会音乐之父"。

这个时期，教会只提倡纯声乐的方式。他们认为乐器是属于异教徒的，使用乐器会污染了仪式音乐的纯粹性，以至于民间也受到这种思想的影响，乐师绝大多数都是社会最底层的流浪艺人。

古罗马的军乐

古罗马的军乐非常有特色。古罗马人是既好战又喜欢音乐的民族，因此音乐在古罗马军队中扮演了举足轻重的角色，军队里有专门的军乐队和演唱者。乐器还被应用到了发号施令上，在发布不同的军令时，要使用不同的乐器。

上帝之歌

罗马帝国瓦解后，日耳曼人成为欧洲西半部的主宰者，并对古罗马文明进行了毁灭性的打击，这一漫长的、将近一千年的时代夹在古罗马文明和文艺复兴时代之间，就是人们常说的"中世纪"。

在中世纪，教会具有政治、经济、文化的重要地位，艺术家只有依附于宗教，才能生存下来，因此整个中世纪的艺术处处都带有宗教色彩。音乐受基督教影响体现在以宗教仪式或歌唱颂歌为主。教皇格里高利一世（图58）编制出一整套专门用于宗教仪式的曲目，并以教皇的身份规定在祈祷仪式中必须要有音乐。这套三千多首的音乐曲目便被称为格里高利圣咏（图59）。格里高利圣咏的歌词取自《圣经》，是用拉丁语写成的散文；它的曲调采用单声部，没有节拍，只有高低音形成的旋律，并且旋律变化平稳，很少出现音程的跳跃。在词曲关系上，格里高利圣咏采用了两种方式，一种是音节歌调，一种是花腔。音节歌调是词的一个音节对应曲的一个音符，同一个音反复出现的情况比较多，这种方式的朗诵性比较强，但是旋律性稍差。花腔是词的一个音节对应曲的几个音符，有些片段只有曲没有词，这种方式的特点就是旋律性很好。而由于格里高利一世在教会势力范围之内大力推广音乐，教会音乐一跃成为欧洲的主要音乐形式，他也因此被认为是对中世纪音乐贡献最大的人。

9世纪欧洲聪明的宗教音乐家在格里高利圣咏的单线条旋律下方或者上

【图58】　格里高利一世　　　　　　　　　　　【图59】　格里高利圣咏

方加入一个平行四度或五度的曲调，于是，这个新加的曲调与原来的旋律就构成了一种简单的"复音"形式，成为最早的复调音乐。

　　巴黎圣母院是另一个复调音乐的中心。西方音乐史把这些以巴黎圣母院为中心进行复调音乐创作的作曲家们称为"圣母院乐派"。圣母院乐派使中世纪音乐发展到巅峰。

　　基督教教会起初极力排斥乐器，最先突破教会障碍的乐器是管风琴。一些富于创新的宗教演奏家们认为借助管风琴，可以很好地增加宗教音乐的气势，管风琴身材巨大，十分笨重，演奏时需要多人鼓风来维持声音的洪亮。

管风琴逐渐成为教堂的必备装备，每到宗教节日，管风琴演奏出的悠扬乐曲都会飘散在教区上空。

人人生而平等

　　"人人生而平等"因被载入美国的《独立宣言》、法国的《人权宣言》以及联合国的《世界人权宣言》，成为世界近现代史上最有影响力的一句话。其实，这句话并非美国人的首创，而是出自中世纪文化的缔造者，有"中世纪教皇之父"之称的格里高利一世之口。自他之后，"格里高利"成为罗马教皇的称号，共传十六世。

　　格里高利一世在注释《旧约圣经》时，当他看到《约伯记》中的"造我在腹中的，不也是造他吗？将他与我抟在腹中的，岂不是一位吗？"时，他脱口而出道：唯有造物主超越一切……当上帝审判，该如何作答？人人被造而平等……"人人被造而平等"这句话最终被美国国父们进一步演绎成基于自由的平等，而非平均主义的平等的"人人生而平等"。

吟游诗人和骑士

世俗音乐专指在中世纪及之后的文艺复兴时期与宗教音乐相对应的音乐。中世纪的世俗音乐从拉丁歌曲开始发展，其他地区的方言歌曲也相继发展，与宗教音乐只重视声乐不同，世俗音乐对器乐的发展起到了巨大的作用。

拉丁歌曲是以拉丁语诗歌作为歌词的歌曲，其代表是圣母院乐派，他们采用的音乐形式旋律自由，不依附圣咏曲调，遂逐渐与宗教仪式失去联系，成为供人自由创作的体裁。

早期演唱世俗歌曲的歌手，虽然也属于流浪艺人，却以职业乐师的身份出现，卖艺谋生并自发组织了乐师行会，提供专业训练，作用和现代的音乐学院相当。

另一个音乐创作的重要群体，是中世纪时期的骑士阶层。他们作战时是能征善战的勇士，到了和平时期就过上了漂泊的生活。这些骑士大都受过教育，比较喜欢吟唱诗歌，因此他们经常把自己漂泊生活中的感触写进诗歌中。这些骑士创作的音乐大多采用单声部的方式，而且会有乐器伴奏。人们称他们为"游吟骑士"或者"游吟诗人"（图 60）。游吟诗人音乐在法国最为繁荣，以至于法国游吟诗人成为世俗音乐的代表。

14 世纪的欧洲音乐被称为"新艺术"时期。这个时期王权逐渐超过了教会的力量，世俗音乐开始与宗教音乐平分秋色。

14 世纪初，法国出现了一种叫"猎歌"的标题性多声部音乐，与教会音

【图60】 ［美］本杰明·韦斯特《吟游诗人》

乐在形式上有着很大差别。这种音乐体裁采用的是多声部轮唱的方式，以旋律来模拟日常生活中狩猎或者集市的场景，非常具有生活气息。猎歌由于活泼欢快的特性，一经出现，立即风靡法国。

　　这个时候，法国的宫廷势力不断增强，贵族纷纷在自己的家里设置私人

【图61】 ［荷］维米尔《吉他演奏者》

的小教堂。为此，宫廷需要大量的音乐家为贵族服务，那些贵族开始和教皇
争夺优秀的音乐家。在这些音乐家中尤为突出的是纪尧姆·德·马肖。

马肖是当时著名的作曲家兼诗人，他提倡用心灵去创作，在音乐方面他
进行了很多创新，例如把游吟诗人采用的单声部音乐同复调创作结合起来，

创造出新的多声部世俗音乐。这类音乐为二声部或者三声部，人声和乐器在其中得到了不同程度的运用，旋律的变化也非常丰富。马肖一生创作了很多歌曲，涉及很多题材，其中以四声部的《圣母弥撒曲》最为著名。他曾请人誊抄了自己的所有作品，送给宫廷的贵族们，因此而成为西方第一个将自己所有作品都保留下来的人。

从中世纪晚期向文艺复兴时代过渡的标志是来自英国的勃艮第乐派。中世纪与文艺复兴时期音乐最大不同就是对协和音与不完全协和音的认识。中世纪音乐家只重视数字和理性，却忽略了声音。英国音乐因为地理因素，一直与欧洲大陆的音乐有显著的不同，更加注重音乐与自然的联系，倾向主调风格，而最鲜明的特点是对三度、六度音程的自由运用，这对文艺复兴时期的音乐产生了重大影响。

中世纪乐器

世俗音乐的大力发展，使不被宗教音乐重视的器乐在民间广为流传。中世纪的乐器种类比古希腊罗马时期要多很多，主要分为弦乐器和管乐器两大类。

这个时期的弦乐器已经分拨弦和弓弦两种。拨弦乐器有竖琴、鲁特琴、索尔特里琴和吉他（图61）。鲁特琴起源于阿拉伯，在文艺复兴时期最为繁盛。索尔特里琴是一种琴身有角，在扁平音箱上拉弦进行弹拨的乐器。弓弦乐器主要是绞弦琴，它由钢琴式键盘、可以转动的木轮和一组琴弦构成。木轮转动起来能使琴弦振动，起到弓弦的作用。演奏者在表演时一手转动手柄，另一只手则在键盘上弹奏。绞弦琴在中世纪初期被称为轮擦提琴，是现代小提琴等的雏形。中世纪的管乐器有笛类的横笛和竖笛，还有双簧管类的肖姆管。

聆听文艺复兴

　　1477 年，南锡之战爆发，勃艮第公国输给了法兰西王国，这个事件意味着勃艮第乐派的终结。勃艮第乐派虽然不复存在，但作曲家并没有消失，他们构成了文艺复兴时期最重要的音乐流派——佛兰德乐派。

　　佛兰德乐派作为文艺复兴时期的一个时间持续较久的乐派，有很多一流的作曲家。

　　奥兰多·迪·拉索是佛兰德乐派音乐风格的集大成者。拉索一生创作了大量的宗教和世俗声乐作品，为复调音乐到主调音乐的过渡开创了新路。

　　到了文艺复兴后期，欧洲大陆相继出现了法国的尚松（图 62）（一种叙事曲，类似于希腊史诗）、德国的艺术歌曲、意大利的牧歌等具有浓郁民族风格的音乐，这些具有鲜明民族特征、主调与复调结合的形式，使世俗音乐更丰富多彩。

　　16 世纪初，天主教出现了一次翻天覆地的重大改革，教会音乐也相应地发生了变化。

　　1517 年，马丁·路德提出了九十五条论纲，开始了宗教改革运动。路德把《圣经》翻译成德语，请作曲家约翰·沃尔特谱写适合德语演唱的歌曲，此举推动了德国音乐的发展。因为支持宗教改革而闻名的英王亨利八世，也进行了一系列的改革，包括出现了用英语演唱的赞美歌。

　　随着宗教改革的如火如荼，天主教会感到了巨大的压力，创作了一系列

【图 62】 《音乐会》，作于 1550 年，画中的女子正在演奏塞尔·米西的尚松《给你快乐》

反宗教改革音乐，罗马乐派和威尼斯乐派因此应运而生。罗马乐派是 16 世纪末和 17 世纪初以罗马为中心形成的音乐流派，是采用清唱方式合唱的典型乐派。

清唱剧在这一时期形成。直到 17 世纪，以《圣经》故事为主要内容的清唱剧才开始蓬勃发展。文艺复兴时期的清唱剧分为两大类，分别是以拉丁语为主的宗教音乐和以意大利语为主的通俗音乐。

威尼斯乐派

文艺复兴时期，对西方音乐影响最大的是威尼斯乐派。威尼斯乐派对西方音乐的贡献主要有三个方面：首创了双重合唱曲这种歌唱形式；创作了大量的器乐作品，对之后欧洲器乐和主调音乐的发展产生了重大影响；1637 年率先在威尼斯建立了第一个歌剧院——圣卡西亚诺，标志着歌剧从贵族阶层走向平民百姓。

第七章

巴洛克音乐：与过去说再见

（17世纪）

巴洛克时期，歌剧获得极大发展，成为欧洲音乐的主流。与此同时，清唱剧等音乐形式也达到巅峰。乐器突破了教会的限制，开始大量融入宗教音乐，并由此发展出新的艺术形式，如幻想曲、前奏曲、组曲等。

歌剧诞生了

"巴洛克"一词来自葡萄牙语，本意是形状不规则的珍珠，后来特指欧洲17—18世纪初的建筑。人们把这个时期创作的音乐称为"巴洛克音乐"。虽然巴洛克与文艺复兴时间接近，但这两个时期的音乐无论是创作理念还是表现风格，都有很大差别。

歌剧是标志着巴洛克音乐诞生的音乐类型。尽管从古希腊开始，音乐就已经出现在戏剧中，但音乐在戏剧或宗教仪式上很长一段时间都是作为附属出现的。到了巴洛克时期，音乐终于和戏剧本身平起平坐，甚至成为主导。

最先唱响歌剧的城市是文艺复兴的中心佛罗伦萨。1597年上演的由佩里作曲、利努契尼撰写剧本的《达芙妮》是第一部真正意义的歌剧。可惜乐谱只剩下几个片段，因此人们习惯于把他们合作的保存完整的《优丽狄茜》，作为最早的歌剧。早期的歌剧还没有摆脱古希腊文化的影响，剧本以希腊神话里的故事为基础，演唱形式主要是吟唱。

罗马、威尼斯和那不勒斯也诞生了各自的歌剧。如果说佛罗伦萨歌剧还有文艺复兴时代的气息，那么这三个城市的歌剧则完全是巴洛克风格。

说到罗马歌剧，就不能不提到卡瓦莱里。他创作的《灵与肉的体现》为罗马歌剧奠定了基础。虽然该剧被后世的音乐界定为清唱剧，但多数人认为该剧已经具有歌剧的雏形。罗马歌剧加入了华丽的舞台布景，还引进了新颖的舞蹈形式——芭蕾（图63）。

【图63】　［法］埃德加·德加《舞者》

153

【图64】 〔法〕亚森特·里乔德《法王路易十四》

　　威尼斯歌剧的早期作曲家们属于威尼斯乐派。1607年，歌剧作曲家蒙特威尔第完成了歌剧《奥菲欧》。《奥菲欧》被视为第一部真正意义上的歌剧。威尼斯的歌剧作曲家们在歌剧中大量运用咏叹调和二重唱，同时提高了弦乐器在伴奏乐器中的地位。

那不勒斯是意大利歌剧发展的最后一个城市，确定了正歌剧的表演形式，并使正歌剧的影响力延伸到 19 世纪。那不勒斯歌剧的代表人物是 A.斯卡拉蒂，他在原有的抒情调的基础上创造出咏叹调，为之后的美声唱法打下了基础。

在意大利歌剧蓬勃发展的时候，法国也不甘寂寞，积极发展本国的歌剧。法王路易十四（图 64）有一个最大的爱好就是跳舞。1661 年，路易十四批准建立了皇家舞蹈学院，1667 年，在他的主持下，法国第一座歌剧院建立起来。路易十四嫌观赏不过瘾，亲自出演了多部芭蕾舞剧。正因为国王对芭蕾的重视，法国歌剧形成了歌剧与芭蕾紧密结合的体裁。

法国歌剧的代表作曲家是拉莫。拉莫虽然很早就进行了创作，并以管风琴演奏家和音乐理论家的身份著称，但直到五十岁时才因为创作了歌剧而成为作曲家。拉莫对音乐的最大贡献是 1722 年发表的和声学教程，为近代和声学理论奠定了基础。

歌　剧

歌剧是一种综合的舞台表演艺术，它将戏剧、诗歌、音乐、舞蹈和美术等艺术表现形式结合在一起，具有更大的魅力。歌剧是充满了动态、动感和活力的艺术。歌剧中大量地运用了音乐元素，用演唱的方式展现故事情节，表达人物情感。歌剧有两种传统的演唱形式——宣叙调和咏叹调。宣叙调是不带旋律结构的演唱部分，通常用来交代剧情；咏叹调通常用于表达角色情感，带有旋律结构的唱段。歌剧通常采用美声唱法，对演唱者的声音和唱功的要求很高，歌剧中的音乐都是以比较传统的管弦乐队为基础的古典音乐。

后来者居上

从巴洛克时期开始，随着乐器制造技术和演奏水平的提高，器乐作品摆脱了文艺复兴以前为声乐作品伴奏的地位，逐渐与后者并驾齐驱，并最终超过了后者。**随着歌剧和宗教音乐的规模越来越大，器乐的作用也变得越来越重要。歌剧中偶尔还会出现纯器乐的插曲。**

键盘音乐在巴洛克时期蓬勃发展，管风琴（图65）和古钢琴（图66）在这个时期达到鼎盛，其中德国的管风琴音乐创作成就最大，法国则是古钢琴音乐的代表。

三十年战争使德国四分五裂，同时使德国的管风琴音乐出现了不同的风格，产生了北派、南派和中派三大流派。其中北派在管风琴独奏方面卓有成就，并拥有不少优秀的管风琴音乐作曲家，布克斯特胡德是其中的代表。布克斯特胡德把众赞歌的管风琴前奏变得宏大，使其在技巧上更加华丽，庄严宏大而感情质朴。

由于路易十四和路易十五都非常重视文化，欧洲各地的艺术家们纷纷涌向巴黎，法国宫廷几乎成为当时欧洲的文艺中心。古钢琴在这一时期离开教堂，成为贵族家中常见的乐器。宫廷乐师成为可以和教堂乐师并驾齐驱的力量。古钢琴的音乐风格此时也发生了转变，华丽风格大行其道。在华丽风格方面做出卓越贡献的是弗朗索瓦·库普兰，他曾在凡尔赛宫担任乐师。他的音乐古朴典雅，简洁明了，既有前人的风范，又发展出新的内容，对后来的

【图 65】　德国柏林的圣玛丽教堂里的管风琴

音乐家产生了很大影响，可以说是法国音乐承上启下的重要人物。

　　巴洛克时期的音乐家们都十分擅长即兴创作，因此出现了很多富有即兴风格的音乐体裁，其中最具代表性的就是托卡塔。托卡塔一词来自意大利文，本义是触碰的意思。托卡塔是一种充满自由性的键盘乐曲，由一连串快速的音阶交替构成。16 世纪末，意大利北部已经有一批托卡塔曲问世。之后的作曲家将这种快速而节奏清晰的音乐形式带到德国。在德国，托卡塔达到了顶峰，代表人物就是巴赫。巴赫的托卡塔曲是这种音乐形式的巅峰。

　　即兴音乐体裁还有幻想曲和前奏曲。幻想曲的特征是快、慢两种速度的片断交替。巴洛克幻想曲的代表是普塞尔的作品。前奏曲早期经常在同一调式的其他乐曲之前演奏，到了 18 世纪，逐渐与其他曲式合成组曲。

【图66】 〔荷〕维米尔《坐在维吉纳琴前的少妇》(维吉纳琴是古钢琴的一种,属于拨弦古钢琴)

变奏曲在这个时期也开始发展起来。"变奏"一词源自拉丁语，是变化的意思。变奏曲是按照相同的构思，把音乐的主题进行变化反复，可以在拍子、速度、调性等方面加以变化而成一段变奏。变奏的数量不等，从几段到几十段，既可以作为乐曲的一部分，如巴赫的 c 小调《帕萨卡里亚》和 d 小调《恰空》，还可以作为独立的作品出现，例如巴赫的《哥德堡变奏曲》。

赋格作为复调音乐的一种固定形式，盛行于巴洛克时期。赋格的结构与创作方法十分规范，与即兴创作的托卡塔形成鲜明的对比。赋格包括一个以单声部形式贯穿全曲的主题，与主题形成对位关系的被称为"对题"。主题与对题可以在全曲的不同声部中轮流出现。巴赫的《平均律钢琴曲集》，就是由四十八首从二部到五部的赋格组成。

巴洛克时期键盘音乐的代表体裁是组曲。作曲家们从欧洲各个地区的民族音乐中提取出独具特色的节奏和旋律，组成由几支曲子构成的组曲。一般来说，巴洛克的音乐组曲都包括以下成分：

阿勒曼德舞曲起源于德国，通常都是中速。在没有序曲的情况下，经常作为组曲的第一乐章。阿勒曼德后面固定连接库朗特舞曲。库朗特舞曲起源于法国，原意为奔跑，顾名思义，库朗特的节奏很快。萨拉班德舞曲源于波斯，兴于西班牙，起初是一种慢速的舞蹈，后来变成曲式，一般作为组曲的第三乐章。吉格舞曲是一种古老的英国舞曲，后来演变成音乐曲式，是极快速的三拍子舞曲，经常作为组曲的终章。这四种曲式是一般都是固定的。

巴洛克奏鸣曲也在这个时期出现。奏鸣曲一词的原意是"鸣响"，在 13 世纪出现后用来指代各种器乐曲、与泛称声乐曲的康塔塔对应。在巴洛克时期，奏鸣曲逐渐有了固定的形式。意大利作曲家科雷利对奏鸣曲形式做出了不可磨灭的贡献，他创作的奏鸣曲部分是按照慢—快—慢—快 4 个乐章组成。巴洛克奏鸣曲分为两类：教堂奏鸣曲和室内奏鸣曲。前者在教堂演奏，后者则娱乐于贵族。两种奏鸣曲，除了很少一部分是无伴奏的独奏形式，绝大多数都是重奏形式，并用键盘乐器演奏低音。其中由两件高音乐器加一件低音乐器，并由键盘乐器来伴奏的三重奏鸣曲是巴洛克时期最常见的音乐体裁。

而大协奏曲是以三重奏鸣曲作为基础，加以改进创作出来的。大协奏曲是以乐队中的两组乐器分别担任"主奏部""协奏部"，用以替代三重奏鸣曲中的两个高音部。科列里创作了很多大协奏曲，传世的有 12 首，在他死后结集出版。

协奏曲与交响曲的区别

协奏曲是指一件或几件独奏乐器与管弦乐队竞奏的器乐套曲。按独奏乐器数量区分，由一件乐器与乐队竞奏的叫独奏协奏曲；由两件相同或不同乐器与乐队竞奏的叫复协奏曲；由三件相同或不同乐器与乐队竞奏的叫三重协奏曲。按乐章多少，协奏曲可分为单乐章的小协奏曲，以及多乐章的通过乐队的一部分和另一部分轮流主奏，形成对比，相互呼应的大协奏曲。协奏曲同时兼具独奏曲和乐队的优点，能满足不同听众的需求，是大众容易接受的一种音乐体裁。协奏曲多由三乐章的套曲构成，是由莫扎特确立的。第一乐章是奏鸣曲式的快板，第二乐章是慢板，第三乐章是快板。

交响曲是器乐体裁的一种，是由管弦乐队演奏的大型奏鸣曲的套曲。交响曲的形式是由海顿确定的。第一乐章是快板，采用奏鸣曲式；第二乐章速度稍缓慢，采用二部曲或者三部曲形式；第三乐章的速度稍快，采用小步舞曲或者诙谐曲；第四乐章速度快，采用回旋曲式奏鸣曲。

巴洛克音乐的基石

有一首巴洛克名曲经常出现在影视剧中，这就是德国作曲家约翰·巴哈贝尔的《D 大调卡农》。"卡农"这种音乐体裁最早可追溯到 13 世纪的民间轮唱曲。最初只是片段，到 15 世纪出现了完整的卡农曲，之后常作为独立的小型乐曲或者大型乐曲中的一个段落被作曲家运用。由于《D 大调卡农》旋律优美，所以现代的艺术家们演绎出很多精彩的版本，如钢琴独奏版、小提琴独奏版等。由于旋律优美，气氛祥和,《D 大调卡农》还被美国国家航空航天局作为代表人类文明的成就之一，通过人造卫星送入太空。

南方的意大利则是小提琴家的乐园。16 世纪末，意大利小提琴制作业出现了克雷莫纳制琴派和布雷西亚制琴派这两个大名鼎鼎的流派。从 1650 年到 1750 年的一个世纪是小提琴制作的黄金时代，出现了众多小提琴制作的大家，以制作者命名的斯特拉迪瓦里琴（图 67）和瓜尔内里琴已经成为小提琴的顶级品牌。

意大利作曲家和小提琴家中比较出色的是科雷利（图 68），他确立了乐队中统一弓法的形式，编写了最早的小提琴弓法大全《福利亚变奏曲》，被后世认为是世界上第一个职业小提琴家。科雷利确定了三重奏鸣曲的快慢节拍，明确了大协奏曲的乐队编制，还是世界上第一个完全用大小调进行创作的作曲家。科雷利的创作，标志着巴洛克时期的器乐合奏音乐已经发展到了成熟的阶段。

【图 67】　制琴大师安东尼奥·斯特拉迪瓦里在调制琴漆

【图 68】　意大利小提琴大师科雷利

【图 69】　意大利作曲家维瓦尔第

　　曾经有人做过统计，西方古典音乐中被灌录最多的曲子是维瓦尔第（图69）的《四季》。维瓦尔第生于意大利威尼斯，职业是神父，还是杰出的作曲家和小提琴演奏家。维瓦尔第在小提琴协奏曲发展史上的地位是无可争议的。他把大协奏曲定型为快—慢—快这样的三个乐章，为之后古典协奏曲铺平了道路。他对小提琴的演奏技巧和独奏协奏曲的发展也起到了重要作用。《四季》是维瓦尔第最脍炙人口的作品，优美的旋律长盛不衰。《四季》大约创作于1725年，由十二部协奏曲组成的大型作品《和声与创意的尝试》当中的第一到第四号。

　　《四季》均采用三乐章协奏曲的形式，被维瓦尔第搭配上标题，音乐还对应着相应的十四行诗。此前，还没有人用"标题音乐"这样的方式来谱写协奏曲。表现形式富有生活气息，是《四季》雅俗共赏的原因之一。

听《弥赛亚》，连国王也得起立

在巴洛克时代，涌现出一大批为西方音乐做出巨大贡献的作曲家，其中有两个人被后世称为"巴洛克音乐双璧"，他们就是亨德尔和巴赫。

1685 年 2 月 23 日，亨德尔在德国的哈雷镇出生。亨德尔的父亲是个理发师兼外科医生，他认为乐师是低人一等的职业，因此极力反对酷爱音乐的儿子从事与音乐有关的活动。但亨德尔依然我行我素，18 岁时离开家乡四处闯荡，先是来到汉堡，在歌剧院担任小提琴手，并创作了歌剧《阿尔米拉》和《尼罗》，演出后获得成功。亨德尔为了进一步提高自己的水平，来到欧洲的歌剧中心意大利，结识了众多大名鼎鼎的音乐家，极大地开阔了自己的视野。他创作的歌剧《阿格里皮娜》在威尼斯上演，得到了意大利评论界的交口称赞。永不满足的亨德尔又离开意大利，越过英吉利海峡来到英国。在英国，亨德尔创作了他最脍炙人口的作品《水上音乐》和《弥赛亚》。

《水上音乐》是一部管弦乐组曲，首演是在国王乘船游览泰晤士河时，由二十首小曲组成，开始是一首法国式的前奏曲，后面是布莱舞曲等各种舞曲，几乎动用了当时已经出现的各种乐器，整个作品既优美欢快，又宏大华丽，深受各个阶层人民的喜爱。

很可惜，《水上音乐》的原始手稿已经丢失，现在能欣赏到的都是被后人整理改编的版本，其中比较有名的是莱德利希改编的版本。这个版本由《F大调第一组曲》《D 大调第二组曲》和《G 大调第三组曲》三个组曲构成。

就在亨德尔过着衣食无忧的日子，沉醉于歌剧创作的时候，意大利语歌剧在英国逐渐走向衰落。他在这个时期创作的几部歌剧相继遭遇滑铁卢，他经营的歌剧院也因此倒闭。1737 年，内忧外困的亨德尔患了中风，世人都认为亨德尔的音乐生涯将就此完结，而亨德尔不仅奇迹般地康复，创造力也得到巨大的提升。他找到了新的创作方向——清唱剧。

1742 年，神灵附体一般的亨德尔仅用短短的 24 天就完成了清唱剧《弥赛亚》。亨德尔指挥乐队在都柏林的剧院低调上演。出乎包括作者本人在内的所有人的意料，《弥赛亚》旗开得胜。亨德尔再次回到英国人的视野中。由于作品大受欢迎，连乔治二世也不惜御驾亲临。当《哈里路亚》唱响时，国王再也按捺不住心中的情感，竟然站起来跟着台上的合唱团一起歌唱，于是全场的观众也随着伴唱。从此，《弥赛亚》的演出形成一个惯例：每到第二幕终曲《哈里路亚》时，全场都要起立齐唱。

《弥塞亚》使亨德尔享誉世界，是清唱剧的巅峰之作。

弥 赛 亚

"弥赛亚"是救世主的意思。亨德尔以《圣经》的相关篇章为剧词，通过三个部分叙述耶稣的诞生、受难、复活三个阶段。每年在特定时间，伦敦的威斯敏斯特教堂都要演奏《弥塞亚》。亨德尔的《弥赛亚》是全世界被演唱最多的清唱剧，也是基督徒心中的圣乐，是巴洛克宗教音乐中的流行音乐。尤其是脍炙人口的《哈里路亚》，很多演唱者都到了倒背如流的地步。

巴赫的荣耀

巴赫（图 70）被称为"现代音乐之父"，生前却丝毫没有享受到该有的荣耀，作品不被世人理解，没有赢得社会的承认，在死后更是默默无闻，直到 1829 年，门德尔松在柏林指挥上演了巴赫的《马太受难曲》，巴赫才被世人所知。那个时候，门德尔松只有 20 岁，开始人们对作品和指挥都持观望的态度。《马太受难曲》上演后，好评如潮，巴赫的音乐也得以声名鹊起。音乐家创建了巴赫学会，专门搜寻研究巴赫的作品。此时距离巴赫完成这部作品，恰好一个世纪。

由于巴赫是一个虔诚的路德宗信徒，把一生的大部分精力都用在宗教作品的创作上，因此他浩如烟海的音乐作品中，大约有四分之三是宗教音乐，所以被后世的研究者们视为最伟大的宗教音乐家。

《马太受难曲》创作于 1724 到 1727 年之间。全曲包含七十八首分曲，分为两大部分：上半部三十五首，主要是耶稣被犹大出卖和被捕；下半部四十三首，描述了耶稣被钉在十字架上的场面。全曲规模宏大，使用了三个合唱队，两个各由十七件乐器组成的管弦乐队，两座管风琴。以至于门德尔松在担任指挥时，人们会怀疑他能否驾驭由四百多人组成的巨型团体。

《马太受难曲》不是用作舞台演出的，它是用来配合教堂礼仪穿插的音乐，是实用性音乐。巴赫写受难曲时并没有完全遵循宗教音乐的条条框框，而是大胆借鉴意大利歌剧中的咏叹调和宣叙调，并提高了器乐的作用，让声

【图 70】　巴赫

乐和器乐进行对抗，极大地增加了音乐的戏剧性。在这部作品里，宗教形式与世俗情感已经渗透到一起。巴赫富于创造性的改进在当时引起教会人士的不满，但对音乐来说，无疑是巨大的飞跃。

《哥德堡变奏曲》也许是巴赫最著名的键盘乐曲，也是西方音乐史上结构和规模最宏大的变奏曲。该变奏曲的主题是巴赫在1725年为第二任妻子安娜·玛格达琳娜而作的小曲集中的一首萨拉班德舞曲。巴赫在此基础之上，发展成三十段变奏。巴赫几乎把当时所有的曲式如赋格、卡农、托卡塔、创意曲等都加上，不仅没有显得杂乱无章，反而使这部变奏曲杰作像数学公式一样整齐凝练。

为了便于演奏者正确弹奏，巴赫还在乐谱上作了注释。《哥德堡变奏曲》的结构严谨，表达方式丰富，令之后的作曲家们叹为观止，成为西方音乐一座不可超越的巅峰。

由于钢琴的发展，羽管键琴逐渐没落，这部为羽管键琴而作的作品也因此被人忽视。1955年，加拿大钢琴"怪才"格伦·古尔德将《哥德堡变奏曲》作为自己的第一张录音作品，古尔德的精彩演绎使之立刻风靡全球。

《勃兰登堡协奏曲》，是巴赫管弦乐的代表作品，被后世的音乐家们称为巴洛克协奏曲的典范。

1721年，巴赫应勃兰登堡的克里斯蒂安·路德维希侯爵之邀，创作了六首协奏曲，诙谐欢快，带有明显的意大利音乐风格，这就是大名鼎鼎的《勃兰登堡协奏曲》。六首曲子的乐器组合各不相同，巴赫几乎动用了那个时候所有可能的乐器编制，表现出创作者对音乐的惊人感悟力。第五号D大调可以说是《勃兰登堡协奏曲》中最受人们欢迎的。乐曲一开篇就富有宏大的气势，紧接着小提琴、长笛、古钢琴三种乐器就开始了互相的对抗，使听者欲罢不能，最后由古钢琴占主导，演奏出一个优美的华彩段；第二乐章变成了长笛、小提琴和古钢琴的三重奏；第三乐章是快板，可以分为三个部分，其中第一和第三部分是赋格风格，在巴赫的精心雕琢下，整个乐章的表现形式显得非常丰富。

音乐世家巴赫

我们说到巴赫，一般是指被称为"西方音乐之父"的 J.S. 巴赫，但在西方音乐史上，名叫巴赫的人达数十人，更神奇的是，他们都属于一个家族。而 J.S. 巴赫只是他们中最知名的那位而已。

J.S. 巴赫的祖父、父亲和哥哥都是音乐家。虽然他与两任妻子所生的 20 个子女中只有 9 人长大成人，但其中有 3 位成为音乐家——次子 C.P.E. 巴赫因长居汉堡，被称为"汉堡巴赫"，三儿子 J.C. 巴赫长居伦敦，被称为"伦敦巴赫"，他们在音乐史上都很有地位，对海顿、贝多芬等都有直接的影响。

第八章

古典音乐：当音乐远离上帝

（1750—1820 年）

18世纪后期，欧洲音乐的主题从宗教音乐逐渐演变成内涵丰富、简洁实用的古典音乐。维也纳古典乐派随之崛起，出现了被誉为"维也纳三杰"的海顿、莫扎特和贝多芬。这一时期器乐也得到了极大发展，钢琴曲、小提琴协奏曲的创作层出不穷，而奏鸣曲式的确立是这一时期成就的代表。

海顿爸爸

1732 年 3 月 31 日，弗朗茨·约瑟夫·海顿出生在奥地利南部的偏僻小山村。

海顿的父母都是音乐爱好者，发现海顿有音乐天分，就送他到汉堡接受系统的音乐教育。

年轻时海顿做了很多工作来维持生计并创作。

一个偶然的机会，埃斯特哈齐公爵听到了海顿的音乐，对作曲家本人产生了极大的兴趣，从此海顿为埃斯特哈齐家族服务了三十个春秋。在相对安定的创作环境下，海顿创作出大量风格迥异的作品，不遗余力地对当时的音乐形式进行创新。

1790 年退休后，海顿回到维也纳，完成了气势恢宏的清唱剧《创世纪》，以及他的最后几首弦乐四重奏，其中包括了大名鼎鼎的《五度》《皇帝》和《日出》。

海顿是一位高产的作曲家，作品包括歌剧、清唱剧、交响曲、器乐协奏曲、弦乐四重奏和其他室内乐作品。海顿为人幽默诙谐，他的作品或多或少地透露出明朗、幽默的音乐风格。因此，他的好友和追随者们都亲切地称他为"海顿爸爸"。

海顿又被后人称作"交响乐之父"，因为他对交响乐的形成和完善做出了不可替代的贡献，尤其是对交响乐规范的制定功不可没。海顿创作了一百多

【图71】　［英］阿尔伯特·约瑟夫·摩尔《四重奏：一个画家对音乐艺术的赞颂》

部交响曲。海顿开创了主调音乐风格，用音乐语言的生动替代了复调音乐的拘谨晦涩。他还完善了四个乐章的交响曲形式，使四个乐章体现出统一的艺术构思，表现了生活的各个方面。海顿还确立了交响乐队的双管编制和配器法原则，奠定了近代交响乐队的基础。

弦乐四重奏

　　弦乐四重奏（图71）是由四把弦乐器组合而成的室内乐形式，包含两把小提琴、一把中提琴和一把大提琴，是室内乐中最主要和最受欢迎的类型。海顿确定了弦乐四重奏的模式，使它成为音乐家们公认的最为理想的室内乐演奏形式。由此，大提琴不再是伴奏配角，而成为和小提琴并驾齐驱的主角，四个乐器像四个好朋友在畅谈一样，各抒己见又相互融合。

从神童到大师

莫扎特是欧洲最伟大的古典音乐作曲家，无论如何排名，莫扎特也会是最顶尖的作曲家之一。

沃尔夫冈·阿玛多伊斯·莫扎特，1756 年 1 月 27 日出生于神圣罗马帝国时期的萨尔茨堡。由于父亲老莫扎特是当时著名的小提琴家和作曲家，天赋异禀的莫扎特在家庭熏陶下，三岁就可以在钢琴上敲出旋律的片段，五岁可以精确地分辨各种音名，老莫扎特从 1762 年开始，就带着只有六岁的莫扎特及他十岁的姐姐南内尔漫游欧洲大陆，进行巡回演出，引起了欧洲的巨大轰动。由于名气太大，以至于惊动了奥地利王室，被请进维也纳的王宫进行现场表演（图 72）。

1773 年底，莫扎特结束欧洲巡演，回到家乡萨尔茨堡，不情愿地加入宫廷乐团，服务于萨尔茨堡大主教。莫扎特在这个时期，系统地学习了音乐创作的理论知识，同时还结合旅行中获得的素材，创作了大量优秀的作品。

1781 年，忍无可忍的莫扎特终于与刻薄的大主教决裂，来到维也纳谋生，开始了他作为一个自由音乐家的生涯。莫扎特也因此成为欧洲音乐史上第一位公开摆脱宫廷束缚的音乐家。

莫扎特在维也纳的创作阶段是他创作生涯的顶峰。1781 年，他完成了著名的歌剧《后宫诱逃》，1782 年的首演获得很大成功。1786 年上演的《费加罗的婚礼》造成了轰动，甚至影响到遥远的布拉格。莫扎特再接再厉，在

【图72】　莫扎特在凡尔赛宫举办个人音乐会

1787年完成了《唐璜》。可一系列巨大的成功并没有解决他的经济困境。1791
年9月，莫扎特完成了他的最后一部歌剧《魔笛》，并在重病期间创作了《安
魂曲》，但作品还没有完成，莫扎特就离开了人世，被葬在维也纳的贫民墓
地，享年35岁。

　　在莫扎特众多杰作中，以和钢琴或小提琴相关的创作最具影响力。天赋
极高的莫扎特谱出的协奏曲、交响曲、奏鸣曲、小夜曲、嬉游曲等，后来都

成为古典音乐的主要形式。

歌剧是莫扎特创作的主流，声乐旋律优美动人，丝毫不逊于他的器乐作品。莫扎特的歌剧还有一个特点，就是弱化男高音，加大了男中音和男低音的分量。

《费加罗的婚礼》《唐璜》《女人心》《魔笛》被称为莫扎特的四大歌剧。

喜歌剧《费加罗的婚礼》是莫扎特歌剧中社会性较强的作品，是莫扎特与来自意大利的前教士洛伦佐·达·彭特合作完成的。

首先，莫扎特采用奏鸣曲式来创作序曲，高度概括了整部作品的风格，表现出一种没有节制的快乐。序曲节奏迅速，充满活力，以热烈的音乐奠定了全剧的喜剧基调。

《费加罗的婚礼》的另一个特点就是突出了重唱对歌剧的作用，对于剧情的展开及人物性格的刻画都起着重要的作用。天才莫扎特在第二幕中设计了一段很长的重唱，从好色的伯爵怀疑夫人的房间里藏有男人而开始的二重唱，到门打开后，费加罗的未婚妻苏珊娜出现的三重唱，接着园丁加入成为四重唱，最后竟然以七重唱结束了这个唱段，把冲突推向高潮。

费加罗演唱的咏叹调《再不要去做情郎》和仆人凯鲁比诺的咏叹调《你们可知道什么是爱情》，分别是如今男中音和女中音歌唱家们最喜爱演唱的歌剧唱段。伯爵夫人罗西娜的咏叹调《何处寻觅那美妙的好时光》，也是歌剧史上不可多得的经典唱段。

《费加罗的婚礼》大获成功后，莫扎特与达·彭特再接再厉，又创作了两部喜歌剧——《唐璜》和《女人心》，在他短暂生命的最后一年又完成了最后一部歌剧《魔笛》。莫扎特当时生活窘迫，健康状况十分糟糕，但依旧坚持创作，完成了这部杰作。后世认为它是一部集大成的歌唱剧。莫扎特将圣洁的宗教音乐和明快的世俗音乐天衣无缝地结合在一起，使其旋律极为优美。而重视人物心理的刻画，正是他注重以人为本的思想的写照。

莫扎特还是个协奏曲大师，几乎为当时所有的独奏乐器谱写过协奏曲。莫扎特的许多协奏曲旋律被后世用于影视或广告。

钢琴协奏曲是莫扎特展示自己天才的最佳平台。正是莫扎特的出现，使得钢琴协奏曲无论内容还是形式都达到前所未有的高度。莫扎特一共创作了27首钢琴协奏曲，越往后水平越高，《C大调第二十一钢琴协奏曲》是莫扎特钢琴协奏曲中最优雅细致的一部。莫扎特用他超一流的均衡感，使听众找不出钢琴与管弦乐之间丝毫的不协调，这部杰作最为人称道的当属第二乐章，它可以说是莫扎特最梦幻最优美的旋律。这部作品中的一些表现方式启发了之后的浪漫派作曲家。

除了歌剧和协奏曲，莫扎特还擅长创作交响曲。他的最伟大的三部交响曲，是在不到两个月的时间里创作完成的。这三部交响曲分别是：《降E大调第三十九交响曲》《g小调第四十交响曲》《C大调第四十一交响曲》。《C大调第四十一交响曲》是莫扎特所作的最后一部交响曲。这部作品可以说是莫扎特所有器乐作品中最优秀的，它集中体现了莫扎特的音乐特色，并将莫扎特的音乐技巧展示得淋漓尽致。这部作品又被人们称为《朱庇特交响曲》（朱庇特是罗马神话中地位最高的神），整部作品规模宏大，绚烂瑰丽，兼具快乐与庄严。第四乐章是整个作品的关键部分，莫扎特一生中创作的最优秀的五段旋律，都融进了这一部分，主调音乐和复调音乐在这一部分达成了和谐，赋格法在其中也得到了很好的运用。

小小作曲家

在莫扎特4岁的时候，父亲与一位朋友一起回到自己家中，看到小莫扎特正全神贯注地趴在地上写东西。

父亲问他在写什么，莫扎特说自己在作曲。两位大人听罢相视而笑。客人走后，当父亲将儿子的作品认真看过之后，发现莫扎特天赋异禀，此后他开始亲自指导莫扎特作曲，将儿子培养成了最伟大的作曲家。

扼住命运的喉咙

路德维希·凡·贝多芬（图73）生于德国莱茵河流域的贫民家庭，父亲和祖父都是宫廷乐师。贝多芬作为长子，从4岁开始就接受父亲的音乐培养与教育，而父亲想把他培养成莫扎特那样的音乐神童，经常用粗鲁暴躁的方式逼迫贝多芬不停练琴。

作为海顿的学生，凭借自己高超的演奏技巧和键盘上挥洒的热情洋溢，贝多芬很快征服了维也纳上流社会，成为首屈一指的钢琴演奏家。他创作了很多重要作品，有钢琴奏鸣曲、小提琴奏鸣曲、大提琴奏鸣曲以及他一生中最重视的体裁——交响曲。

贝多芬继海顿和莫扎特之后，把古典交响乐推向一个新高度。他的9部交响曲反映了他整个的生命历程，每一部交响曲都是一个完整的世界，每一部的构思与艺术表现手法都具有多样性。

《D大调第二交响曲》是贝多芬听力衰退之后创作的。曲风乐观明快，主题鲜明，从绝望到斗争，从斗争到平静，最后过渡到欢乐，这一系列过渡与转变，与其战胜"心魔"时的内心变化有直接的关系，标志了贝多芬创作新时期的开端。贝多芬那时唯恐音乐生涯就此中断，轻生想法不断冒出，好在他能积极调整心态，为音乐留了下来。

与《D大调第二交响曲》一样反映贝多芬内心痛苦挣扎的还有《降E大调第三交响曲》，后来命名为《英雄交响曲》。这部作品最初是贝多芬准备献

【图 73】 贝多芬像

给拿破仑的，因为他将拿破仑看作是自由和民主的拥护者，后来拿破仑称帝，贝多芬又认为拿破仑这一举动是践踏人权，因此撕毁了乐曲原封面，改为纪念一个伟大人物的交响乐作品。该作品的长度是传统交响曲的两倍，慢板乐曲是悲壮的葬礼进行曲。

1808 年，贝多芬创作的《c 小调第五交响曲》与《F 大调第六交响曲》在同一场音乐会中演出。《第五交响曲》(也叫《命运交响曲》) 开始悲观伤感，后期转变为看到生活的希望，象征着贝多芬本人与逆境抗争的过程。该作品是交响曲文献中最简洁最有气势的一部，那"三长一短"的命运节奏贯穿整部乐曲，成为交响曲中的典范。而《第六交响曲》(也叫《田园交响曲》)，描绘了奥地利乡村风光，包括风雨、鸟鸣与节日的体现，开创了历史上用音乐绘制自然风光的先河，充满浪漫主义色彩。

《d小调第九交响曲》是贝多芬晚年的作品，也是其一生思想创作的总结。贝多芬一直希望创作一部合唱交响曲，而《第九交响曲》满足了他的愿望。第四乐章加入人声合唱，用的是席勒的歌词《欢乐颂》，表达了世界人民相亲相爱的思想境界，该作品是交响曲历史上的重大创举，开创了浪漫主义表现手法的先河。

贝多芬一生创作了32首钢琴奏鸣曲，有人说贝多芬的钢琴奏鸣曲是"一个音乐时代的句号，另一个音乐时代的序幕，必然成为后世顶礼膜拜的对象"。它们在技法和演奏上都有新的突破，展示出完美而变化丰富的韵律。

贝多芬最早创作的奏鸣曲名为《月光》，创作于1801年，人们听到音乐就想到波光粼粼的湖面，水面荡漾的小舟，头上皎洁的月光。这部作品共有三个乐章，每个乐章表现出的情绪都是戛然而止，没有预兆也没有过渡，开始是平静如水，然后直接就跳到阳光灿烂，再后来就是暴风骤雨。有人说这部作品是贝多芬神经质的代表，表现了他性格中所有一切都是相互交织，就像一个五彩斑斓的世界。

《D大调奏鸣曲》在构思上从美学和伦理学来说都迈出了胜利的一步，象征了贝多芬的创作中一个英雄革命的时期到来。这部作品表达了贝多芬本人最直接的思想，就像著名作家罗曼·罗兰说的："这是他，就是他本人。"乐章中有狂奔向前的急流，有高瞻远瞩的思想，还包含了一种粗犷的力量，别出心裁地表达了暴风雨中的"对立"，其中还出现了与众不同的音响效果，象征新的向往与自由。

此外，贝多芬的奏鸣曲还有《c小调奏鸣曲》"悲怆"，从急转爆发到抒情。虽然给人冰火两重天的感觉，但曲调流畅，充满浪漫主义色彩。《C大调奏鸣曲》"华尔斯坦"也是极成功的一部作品，贝多芬创作这部作品时几乎用上了所有琴键，它完全超越了当时音乐家们的想象。

贝多芬的家庭

贝多芬的父亲约翰·范·贝多芬是科隆选帝侯宫廷的男高音歌手、钢琴与唱歌教师，因长期酗酒而脾气暴躁，影响了家庭的生活。母亲玛丽亚·玛格达琳娜只活了 41 岁。在家中 6 个兄弟姐妹中，贝多芬排行老二，但只有贝多芬和另外一个兄弟长大成人。虽然他们的生命短暂，却在贝多芬的音乐生活中扮演着重要的角色。

第九章

浪漫的反叛：我的地盘我做主

（1820—1910 年）

　　浪漫主义时期的音乐感性、想象与个性并存，它没有一个固定的风格，也没有一个确切的概念，不同群体的作曲家，乃至作曲家个人的作品风格，都存在巨大的差异。这个时代不仅产生了许多音乐巨匠，如小约翰·施特劳斯、舒伯特、门德尔松、柏辽兹，还出现了无歌词、夜曲、艺术歌曲、叙事曲、交响诗等新颖别致的音乐体裁。

【图74】 〔奥〕古斯塔夫·克林姆特《舒伯特在钢琴前》

歌曲之王舒伯特

舒伯特（图74）于1797年出生在奥地利维也纳的郊区，父亲是一所学校的校长，他让舒伯特从小学习钢琴和小提琴。舒伯特11岁进入帝国小教堂唱诗班，做小提琴手，还担任指挥。1813年舒伯特因变声离开唱诗班时，已经创作了大量作品。为减轻家庭负担，他到父亲所在的学校里担任助理教师，同时继续创作。

由于舒伯特对音乐创作表现出极大热情，1816年，他干脆辞掉教师工作潜心钻研，没有固定收入，生活困苦不堪，却创作出大量的歌颂解放斗争的作品，这些歌曲也是其长期压抑苦闷的一种释放。那一年也是舒伯特音乐生涯中命运最坎坷的一年。

渐渐地，舒伯特的生活有了很大改变，生计对他来说已经毫无问题，也许是因为过于放纵的享乐生活方式，舒伯特患上了梅毒。当时，这是一种致命性疾病，舒伯特内心绝望不安，悲观消极，《第八交响曲》和一首未完成的作品把他当时的复杂情绪表现得淋漓尽致。后来舒伯特不断与疾病抗争，创作出激励人心的《第九交响曲》。此后，他奋发图强，坚持创作到生命的尽头。而著名的《小夜曲》是舒伯特晚期的作品，表达了对生命的热情与喜悦。

舒伯特的一生只有31年，但他创作出了数量惊人的作品。包括22首钢琴奏鸣曲、19首弦乐四重奏、18部歌剧及戏剧配乐、10部交响乐、4首小提琴奏鸣曲以及600多首艺术歌曲，还有一些即兴曲和钢琴小品等，其中艺术成就最高的当属他创作的艺术歌曲。舒伯特在进行歌曲创作时以海涅、席勒和歌德等著名诗人的作品为基本材料，再配上钢琴的抒情伴奏，描绘出以往音乐作品中不曾有过的美好画面。

在海顿和莫扎特的作品中，钢琴只是用来衬托声乐，但是在舒伯特的艺术歌曲中，钢琴是一种情感的表达，与声乐在艺术歌曲中的分量同样重要，有时甚至超越了声乐。舒伯特的音乐基本都是以和谐而温婉的氛围为依据，钢琴和声乐相互衬托，钢琴奏出天籁般的神音，犹如天使在远处召唤，空灵而荡漾，能把听者的心融化。

《水中吟》是舒伯特钢琴与人声最完美结合的作品之一，也被称作《水上致歌》。这首歌曲是根据一首短诗谱写而成的，诗中描写了夏日午后人们河上泛舟的情景。整个诗作明快中暗含些许忧伤，舒伯特读懂了诗人表达的情感，为其创作出一首夏日忧伤之歌。

舒伯特用富有女性化的 f 小调抒写歌曲，本身就有婉转而忧伤的气氛。那些感叹时光的诗句从钢琴的一连串音符中体现出来，像是午后吹来的微风，带着人们的一声叹息。

舒伯特在病入膏肓的一段时间内，仍然在坚持创作《f 小调幻想曲》，有人说这部四手联弹作品"有透视力，有戏剧张力，还有说服力，最接近舒伯特的真性情"。乐曲只有一个乐章，用 20 分钟的时间给人们讲述了一个美好而耐人深思的故事。

才思敏捷的舒伯特

舒伯特是一个才思敏捷的人。有一天，他和朋友去吃饭时，见到桌上有一本莎士比亚的诗集，便拿起来读。读了一会儿，舒伯特说道："好旋律出来了，但没有五线谱，怎么办？"朋友立刻将菜单翻过来画了五条线递给他。舒伯特在上面一气呵成，创作出了著名的《听！听！云雀》。

门德尔松，把风景变成音乐

门德尔松（图 75）出生于德国汉堡的中产阶级家庭，在家中浓郁艺术氛围的熏陶下，小小年纪已在画画、音乐和文学等很多方面表现出出众的才华。

门德尔松从 9 岁开始登台表演钢琴，10 岁进行音乐创作，17 岁写下《仲夏夜之梦序曲》，次年改编成管弦乐曲，这部作品曾被看作音乐史上第一部浪漫主义音乐会序曲。

门德尔松有很多优秀的音乐作品，其中艺术歌曲在其一生创作中占有重要地位。《乘着歌声的翅膀》是一首优秀的艺术歌曲，取材于海涅的一首抒情诗。听到这首音乐，人们的脑海中就浮现出一幅温馨浪漫的画面。在开满玫瑰、紫罗兰的宁静夜晚，和爱人一起在河边漫步，远处传来潺潺的流水声，近处椰林微风徐徐，人们对未来的美好憧憬都融合在这动人心弦的旋律当中。全曲旋律清新顺畅，分解和弦的伴奏优美而舒畅，乐曲下行不时跳动的音程，把情景渲染得更具魅力。

《伊利亚》是门德尔松最优秀的清唱剧，取材于圣经旧约全书《列王记》。第一部分用音乐讲述了先知伊利亚帮助以色列灾民抗旱救灾，死而复生，使以色列人重新信仰上帝的故事。第二部分讲述伊利亚预言以色列将遭受上帝耶和华的抛弃，引起万民愤怒。伊利亚在约旦河边散步时，一辆点着火焰的马车把他送到天堂。整部音乐有很多段落都十分优美，第 4 曲中朝臣俄巴底的咏叹调抒发了浓郁的情感，第 26 曲伊利亚的咏叹调由大提琴助奏，动人心弦。

【图 75】　门德尔松

《e 小调小提琴协奏曲》完成于 1844 年，是门德尔松所有小提琴协奏曲中最著名的一首。整部作品柔美浪漫，形式均匀整齐，技巧华丽，旋律优美，小提琴的处理手法更是达到超凡脱俗的境界，与贝多芬的 D 大调、柴科夫斯基的 D 大调和勃拉姆斯的 D 大调并称为"世界四大小提琴协奏曲"。全曲共有三个乐章。第一乐章是整部作品最著名的一章，充满幸福的旋律中荡漾着忧愁，热情的快板加以衬托，小提琴的华丽演奏都为这一乐章增添不少色彩。第二乐章是一个抒情而富有韵味的章节。第三乐章以奏鸣曲的形式谱写而成，是比较著名的一章。整部作品每个乐章虽然有其独立性，但章与章之间的连续演奏为乐曲注入一丝新意。

门德尔松的创作在曲式结构上保持完美，但在技术上较为保守，他的音乐缺少一种热情，总是显得那么均衡、典雅。虽然他处于浪漫主义时期，却一直在探索古典主义的灿烂辉煌。

魔鬼之音李斯特

李斯特（图76）是顶级的音乐演奏家，他的作品独具个性而富有创新。尽管他声望颇高，影响巨大，却总能对事从容不迫，泰然自若，给人留下一个慈悲善良、乐于助人的好形象。

李斯特经常到不同城市举行音乐会，把挣来的钱资助给需要帮助的学生。他不停地进行创作，不辞辛劳地给他的音乐爱好者写回信，还奔走于很多城市，为那些有音乐天赋但又家境贫穷的人上课，并且不受分文。他还极力帮助与他同时代的作曲家大力宣扬作品，以便引起人们的关注，这些人中受益最大的是瓦格纳。

李斯特1811年出生于匈牙利，6岁练琴，9岁公开演出，12岁就跟着巴黎音乐学院的教授学习。在10年的演奏旅行中，他走遍欧洲各大城市，所到之处均掀起热爱其音乐的狂潮。他的演奏令人眩晕，弹奏速度之快，声音之响亮，气势之豪放，为人带来如痴如醉的感觉，很快他便因出神入化的演奏技巧而名声大震。

除演奏之外，李斯特还在创作上颇有造诣。

李斯特的创作高峰期在1848年至1859年之间，他创作了《但丁交响曲》《浮士德交响曲》《死之舞》《塔索的悲哀与胜利》《马捷帕》《哈姆雷特》《降E大调钢琴协奏曲》《b小调奏鸣曲》《匈牙利狂想曲》等。

"交响诗"这种音乐体裁是李斯特为音乐界带来的杰出贡献。以往作曲

【图76】　［奥］约瑟夫·丹豪瑟《在钢琴前幻想的李斯特》

家以诗歌来创作音乐的时候，总是先构思出一个故事场景或一个情节，但是李斯特的交响诗只为表达诗的一种意境与情感，他的乐曲主要因素为短动机，再由短动机引出主题，速度在各乐章之间的变化引起主题之间的变换，尽管每个乐章是独立出现的，但是它们之间的关系却是紧凑连续的。

　　1861年，李斯特皈依罗马天主教并被封为神父，他在为宗教事务奔波的同时，继续坚持音乐创作。1869年，李斯特创立了布达佩斯国立音乐学院并任院长，此后，他的大部分时间都在罗马度过。

　　晚年李斯特深居简出，把所有心思都放在宗教作品上，如《圣伊丽莎白》《葬礼》《净心》《圣方济各行走在水上》等都是具有宗教意义的小品。

民族的肖邦，世界的肖邦

　　肖邦（图 77）于 1810 年出生于波兰，他的父亲是法国人，从事教育工作，母亲弹得一手好钢琴。肖邦 6 岁开始作曲，15 岁进入华沙音乐学院，毕业的时候已经是一个音乐天才。那一时期，波兰爆发革命，很多人到欧洲各国逃难。肖邦流亡到巴黎，与很多贵族聚集在艺术沙龙，李斯特、柏辽兹、罗西尼、雨果以及大仲马等都是他的朋友。

　　肖邦在法国一住就是 19 年，一直忍受着思念祖国的情感煎熬。面对波兰革命，他只得把痛苦的自责与愤慨融合在音乐中，写下很多伟大的作品，如《降A 大调波兰舞曲》《降 b 小调奏鸣曲》《幻想波兰舞曲》和《g 小调第一叙事曲》等。这些音乐在美丽之中透露着忧愁，是一种对祖国命运的感慨与深深叹息。

　　而乔治·桑为他的忧愁烦恼注入些许安慰。乔治·桑是肖邦通过李斯特认识的小说家，比肖邦大 6 岁，肖邦无法抗拒乔治的魅力，与她坠入爱河。肖邦与乔治在一起度过了 8 年时光，他把对乔治的柔情爱意都化作优美动听的音符，创作出很多辉煌灿烂的篇章，其中包括《升 c 小调谐谑曲》和《E 大调玛祖卡》。

　　1848 年，肖邦在巴黎举办了最后一次音乐会，没过多久，他就因肺病加重而英年早逝，享年 39 岁。

　　在肖邦的音乐创作中，最让人无法忘记的就是那浓郁的波兰民族风情。肖邦的艺术创作因为有了民族精神的支撑而生根发芽。

　　肖邦一生创作了 58 首马祖卡舞曲，马祖卡可以说是肖邦的情感依靠，它

【图77】 ［法］德拉克罗瓦《肖邦像》

用短小而精悍的形式表达了他内心的情感变化。《升 c 小调马祖卡舞曲》是 1837 年创作的，那时，肖邦的创作手法已经达到炉火纯青的地步。肖邦身在法国巴黎却心系家乡波兰，那种背井离乡的孤独寂寞之情一下就倾入到乐曲中。舞曲尽管张力十足，背后却暗含了深深的忧愁，开头的旋律悠远而流畅，像用低音吟唱出的长歌。中间部分情绪变化明显，音乐开阔而明朗，像拨开云雾见太阳，那种激情无法抵挡。最后，乐曲又从希望变到忧郁而悲伤，就像肖邦自己思念家乡，又无奈于现实的残酷。

波兰圆舞与马祖卡一样，是肖邦音乐生涯中不可缺少的一部分。《A 大调波兰舞曲》是肖邦的代表作品，歌颂了革命的胜利与战士们的胜利归来，这部作品没有幻想，没有浪漫，有的只是对民族自由与解放的呼唤。

肖邦最喜欢的音乐体裁还有夜曲，尽管在他那个年代，夜曲已经被人们熟知，但是肖邦创作的夜曲极富浪漫主义精神，在整个西方音乐史上独树一帜。在其一生创作的 20 首夜曲中，《c 小调夜曲》堪称经典。虽然这首作品短小精练，内部却蕴含着无限大的张力。乐曲开头断断续续，表现出悲伤情怀，中间旋律缓慢而严肃，好像是歌颂神灵的乐曲。到了中段乐曲变得豪迈而有力，早已颠覆了夜晚的窃窃私语与微风唏嘘，有时竟让人感受不到夜曲的气氛，就像在宁静的大道上唱着壮观的进行曲。最后，音乐由壮大逐渐急促，把人们又带回到最初的旋律，独白中悲伤变得急促不安，像是宁静的夜空被激情与泪水充斥，紧张而又兴奋。

玛 祖 卡 舞 曲

玛祖卡舞曲是波兰乡土的舞曲，它是三种三拍的波兰乡村舞曲组合而来的，这三种舞曲分别是重音位置多变、速度较快的玛祖卡，重音不在第一拍、速度平缓的库亚维亚克，和重音在每两小节中第二小节末拍、轻盈飞快的奥别列克。

旋转吧，华尔兹

小约翰·施特劳斯出生于奥地利维也纳著名的音乐世家，父亲老约翰·施特劳斯一生写过150多首圆舞曲，奠定了维也纳圆舞曲的基础。他的二弟约瑟夫·施特劳斯、三弟爱德华·施特劳斯都是奥地利著名的作曲家、指挥家兼小提琴家。

小约翰·施特劳斯与父亲同名，是一位既多才又多产的作曲家，被人们誉为"圆舞曲之王"。虽然老约翰在音乐界享有盛名，却不想让小约翰子承父业，他希望儿子成为一名银行家，但小约翰很难不被艺术影响，还是违背了父亲的意愿，开始学习小提琴。1844年，小约翰成立了自己的乐团，专门演奏父亲和自己的作品。1856年到1865年之间，小约翰和他的乐团在欧洲各地举行演出，在彼得堡等地受到了热烈欢迎，影响力传播到美国。

小约翰一生创作了很多作品，包括圆舞曲、波尔卡、进行曲等，其中《蓝色的多瑙河》《维也纳森林的故事》《春之声》《享受生活》《柠檬花开的地方》都是非常著名的圆舞曲。

《蓝色的多瑙河》被称为"奥地利第二国歌"，1866年，奥地利在战争中惨败，为了帮助人们摆脱消极抑郁的情绪困扰，小约翰应邀为维也纳男声合唱协会谱写了这首象征维也纳生命的乐曲。这是小约翰的第一部声乐作品，虽然首演以失败告终，但是后来他住在离多瑙河不远的地方时，突然灵感涌现，把作品改为管弦乐曲。这部作品再次被搬上舞台时，收获了巨大成功。

《蓝色的多瑙河》由序奏和五个小圆舞曲和尾声组成，是典型的维也纳圆舞曲结构。序奏开始时，大提琴奏出徐缓的声音，唤醒了沉睡已久的大地，使多瑙河轻柔地翻动。圆号接着吹出优美而连贯的声音，暗示黎明就要来到。接着第一圆舞曲奏出明朗舒畅的旋律，告诉人们春天的气息就要来到多瑙河，让人顿感轻松愉悦，想在大自然的怀抱中翩翩起舞。第二圆舞曲描述了阿尔卑斯山底下的小姑娘穿着舞裙欢快起舞的场景。第三圆舞曲有两个主题，富有误导性，一个主题优雅端庄，一个是热烈狂欢，音乐在切分节奏上下了功夫，给人一种新鲜感。第四圆舞曲以歌唱性为主，节奏自由，旋律美妙，令人仿佛沉浸在如诗如画的春色中。 第五圆舞曲仍然以温柔端庄与热情欢腾为主题，旋律起伏荡漾，让人联想到在多瑙河泛舟而上的情景。尾声部分管弦乐曲的结尾较长，重复了第三、四圆舞曲中的主题，最后在热闹狂欢中收尾。

小约翰的音乐才华还表现在波尔卡创作上。他一生共创作了120多首波尔卡舞曲，大多带有法兰西和波西米亚风味。其中《闲聊波尔卡》是最有名的快速波尔卡舞曲之一，表现了妇女情绪愉悦、交谈甚欢的情景。前边是有波尔卡节奏的引子，主题跳跃，副主题舒缓。接着是过渡性段落，声音不断升级，表现妇女们喋喋不休地交谈。中间部分木管演奏的乐曲声音轻快，代表妇人们的窃窃私语，尾声部分音符在强弱高低上有了很大对比，更突出七嘴八舌聊天的主题。小约翰能把这样一个复杂的情景用音符表现出来实属不易。

小约翰还为许多轻歌剧和芭蕾舞剧谱写音乐。《蝙蝠》是一部有代表性的轻歌剧作品，剧中，奥芬巴赫的机智与维也纳人民的乐观精神被巧妙融合在一起。《吉卜赛男爵》也是一部轻歌剧，把吉卜赛风格与浪漫主义相结合，此外，他的轻歌剧作品还有《罗马狂欢节》《阿里巴巴和四十大盗》等，都对欧洲轻歌剧的发展带来深远的影响。

【图78】 ［瑞士］菲利克斯·瓦洛东《华尔兹》

圆　舞　曲

　　圆舞曲，起源于奥地利，是一种三拍子的舞曲，也被称为华尔兹（图78）。圆舞曲最初在维也纳的舞会上非常流行，圆舞曲热情奔放，感情充沛，不同于原本沉闷的舞曲，它带来了活跃的气氛，19世纪风靡整个欧洲。

　　圆舞曲是在奥地利民间一种叫"兰德勒舞曲"的基础上发展来的，跳舞的时候一对对男女舞伴按照舞曲的节奏旋转，动作轻快优美。相对于一些严肃的音乐作品，圆舞曲较为活泼，是符合大家通俗品味的"轻音乐"。圆舞曲和玛祖卡舞曲不一样，它的重音在小节的第一拍上，而玛祖卡则常落在第二或第三拍上。圆舞曲也不同于小步舞曲的温文尔雅，而是节奏明快，旋律流畅。

柴可夫斯基，来自俄罗斯的最强音

柴可夫斯基可以用"全世界最受欢迎的古典作曲家"来形容，在他的作品中情感流淌富于变化，时而婉转细腻，时而热情奔放，时而情绪激昂，时而又抒情华丽。他的作品体现的是浪漫主义抒情特色，情感真挚，形象生动，加之高超技巧的完美演绎，无处不释放光彩。

1840 年，柴可夫斯基出生在俄罗斯维亚特卡省，5 岁开始学钢琴，7 岁能出色演奏。后来，为了找到一份有保障的工作，从法律学校毕业后，他进入司法部门工作，但最终确定自己应该是为音乐而活。他一生创作了很多部交响曲、协奏曲、变奏曲、四重奏以及歌剧等多种体裁的作品。

柴可夫斯基的《e 小调第五交响曲》是西方音乐史上的精品之作，该乐曲情感直接流露，表现手法成熟，代表了传统纯音乐的回归。而《第六交响曲》可谓他一生最成功最得意的作品。

《第六交响曲》完成于 1893 年 9 月，同年的 12 月首演。该作品用"悲怆"来命名，并且作者用音乐将悲怆的情绪表达得淋漓尽致。首演过后 6 天，柴可夫斯基就因感染霍乱与世长辞。乐曲中描绘了一系列悲观消极的情绪，如恐怖、抑郁、绝望、失败、毁灭等，像是在揭示一个人生真理：生命转瞬即逝，人类不可避免死亡。这也是作者内心情感的真实反馈。

"悲怆"共有四个乐章。第一乐章采用奏鸣曲形式，乐曲一奏出，就令人陷入一种烦躁不安的阴沉气氛中。第一主题快速而节奏强烈，让人感到苦

【图 79】　［英］约翰·柯里尔《睡美人》

恼迷茫。第二主题像是将烦恼抛在了一边，进入到沉沉的幻想中，美丽而哀愁。乐章结尾部分温和柔美，在平静旋律的伴随下结束。第二乐章取材于俄罗斯民谣，表现了单纯的音乐色彩，主部旋律虽然有舞蹈节奏，但仍然荡漾着不安情绪。第三乐章是作者对过去的回忆，谐谑曲和进行曲相混合，反映了人们四处奔波劳碌的景象。该乐章虽然有类似意大利南部的民族舞蹈音乐，但并没有抛弃悲凉悲壮之感。第四乐章终曲是哀伤的慢板，主题阴郁、悲痛，在两声圆号的衬托之下，旋律显得更为悲伤。

一般交响曲都是华美而壮观的，本交响曲却把悲伤演绎到底，直到结尾处，人们还沉浸在凄凉孤寂的情绪中不能自拔，从而再现全交响曲主旨：人生就是一场悲凉和伤感汇聚成的美丽。

柴可夫斯基的协奏曲形式大胆，变化多端，将卓越技巧与音乐的刺激性、鲜明性结合在一起，成为世界音乐文献中协奏曲的典范。

柴可夫斯基还写过很多著名的芭蕾舞剧，《睡美人》(图 79)、《天鹅湖》、《胡桃夹子》等作品，因音乐舞蹈形式灵活多样、色调丰富、构思大胆，为古典芭蕾舞作品奠定了坚实的基石。

进行曲

军人走路时，铿锵有力，因此按照军人步伐节奏写成的声乐乐曲或者器乐乐曲听起来雄壮激昂。进行曲起源于 16 世纪西方的战乐，17 世纪时，进行曲逐渐被音乐会、歌剧、舞剧的音乐采用，最终成为一种特定的音乐体裁。根据演奏的内容不同，进行曲可以分为不同的类别，分别是军队进行曲、婚礼进行曲、丧礼进行曲和其他形式的进行曲。

看得见的音乐，听得见的文学

法国歌剧

法国歌剧分为喜歌剧、大歌剧、轻歌剧和抒情歌剧四个类型。在 18 世纪到 19 世纪，拿破仑专政期间，歌剧是法国最受欢迎的艺术形式。

喜歌剧是说白和歌唱方式相结合的产物，是最早起源于民间庙会的一种艺术形式。在 16 世纪的时候，人们曾观看用流行歌曲曲调演绎的滑稽戏，后来就发展成了喜歌剧。喜歌剧结合了喜剧和闹剧因素，内容通常具有讽刺性，不过，到了 19 世纪，喜歌剧中的滑稽因素大大减少，从体裁上来说，风格严肃，气势非凡，与人民的生活和情感更加贴切。

《两天》又名《挑水夫》，是凯鲁比尼（图 80）具有代表性的喜歌剧作品。凯鲁比尼是巴黎音乐学院的院长，他一生创作了大量歌剧，其中有 12 部是为巴黎创作的，《两天》是其一。该剧描写了挑水夫米舒尔碰到正在躲避首相马扎然追捕的政治要犯阿尔玛伯爵。阿尔玛伯爵曾经救过米舒尔的命，为回报恩人，米舒尔将阿尔玛藏在一个很大的蓄水槽中。危难之际，阿尔玛被赦免的消息传来，尾声的大合唱表达了人们的欢乐。这种剧情被称为"拯救歌剧"。梅雨尔的《出征歌》、斯朋蒂尼的《女贞》等都属于"拯救歌剧"。

这种类型的喜歌剧是革命时代的结晶，它随着革命的到来而来，也随着

【图80】　［法］安格尔《凯鲁比尼与抒情诗缪斯》

革命的消沉而消亡。

　　大歌剧最初指的是巴黎剧院上演的歌剧，后来代表风格华丽壮观的大型歌剧。大歌剧在 19 世纪 20 年代的时候，主要听众为财力雄厚的中产阶级，为了满足这些人的需求，作曲家们创作出这样一种新的体裁。大歌剧不用说白，多用重唱、独唱、合唱，管弦乐与芭蕾舞等结合在一起，既注重舞台效果，又追求音乐的辉煌。

《波尔蒂契的哑女》是奥柏创作的大歌剧，是大歌剧中最负盛名的作品。该剧描述了西班牙统治那不勒斯，当地人民奋起反抗的故事。剧中加入了大量芭蕾和管弦乐，场面宏伟，乐曲生动。

轻歌剧多取材于日常生活，是一种娱乐性较强的歌剧体裁。轻歌剧短小精悍，以独幕为主，多表达讽刺意义。轻歌剧延续了喜歌剧的说白传统，并加入独唱、重唱、合唱、舞蹈等多种形式，还融合了当时流行的音乐曲调。

雅克·奥芬巴赫是德国犹太教堂乐师的儿子，后来随家人移居巴黎，他是轻歌剧体裁的重要奠基人。奥芬巴赫在开设轻歌剧院的三年间共创作了30多部独幕轻歌剧，其中《地狱中的奥菲欧》是最具代表性的一部，奥菲欧用音乐感动了地狱神灵，最终带回爱妻优丽狄。但是最后，优丽狄留在地狱当酒神女祭司，奥菲欧回到人间与牧羊女谈情说爱，讥讽与嘲笑了社会腐败现象。

抒情歌剧是由喜歌剧演变而来的，但是篇幅不及喜歌剧长，也不像大歌剧那样宏伟华丽。它多取材于文学名著，风格恰到好处，既避免了大歌剧的浮华，也摒弃了轻歌剧的肤浅。抒情歌剧最大的特点就是情感真挚淳朴，只是单纯地用音乐表达情感。

抒情歌剧代表作曲家有古诺、圣·桑和马斯涅，其中古诺是比较重要的一位。古诺一生创作了12部抒情歌剧，《浮士德》是最重要的一部。该剧取材于歌德的《浮士德》，古诺通过音乐，把人物性格和心理活动描绘得淋漓尽致，如浮士德的矛盾、玛格丽特的淳朴、梅菲斯特的阴险和西贝尔的痴情都通过重唱、独唱或合唱的形式展现出来。

德国歌剧

在19世纪浪漫主义时期，德国作曲家们的民族意识逐渐增强，他们为了对抗意大利正歌剧在德国宫廷占有的领导地位，迫切希望创作出更通俗易懂，具有民族化特色的歌剧。为了实现这一目标，他们开始效仿本国歌唱剧，在音乐上不用宣叙调，直接采用德语对白；在情节上注重祖国自然风光和民族传奇故事。这一时期著名的歌剧代表作曲家有韦伯、瓦格纳等。

韦伯于1786年出生于德国奥伊廷城，自幼受音乐熏陶，曾跟随约瑟夫·海顿的弟弟M.海顿学习作曲，14岁已经写了不少作品，包括《森林少女》《彼得·施莫尔和他的邻居》等。韦伯所处的正是德国民族意识觉醒的年代，拿破仑的战争激起德国人民的爱国热情，韦伯就从爱国诗人克尔纳的诗集《琴与剑》中找到灵感，谱写出爱国主义乐章。

韦伯在音乐领域可以用多才多艺来形容，他不仅能创作歌剧、钢琴曲，还兼指挥、演奏、音乐评论等多种才能于一身。他的论著处处反映出他的思想理念——把艺术看成一个整体，因此他也是一个"综合艺术"的作曲家。韦伯为新浪漫主义音乐开辟了道路，他的创作富于幻想，追求民族精神和民间趣味，作品中富有的戏剧化构思和变化多端的手法，为浪漫主义音乐开辟了新的道路。

韦伯一共创作了10部歌剧，最有代表性的当属《自由射手》。这部歌剧散发出从未有过的浪漫主义气息和民族风味，取材于德国民间传说：猎人马克斯想娶林务官的女儿阿加特为妻，但是他必须在射击比赛中获胜。马克斯第一天在比赛中失败了，他消极绝望，把灵魂卖给了魔鬼的猎人卡斯帕尔到狼谷炼制魔弹。第二天，马克斯继续比赛，在神灵的帮助下获得胜利，而魔鬼的猎人卡斯帕尔也受到应有的惩罚。歌剧表达了人们为追求爱情与幸福，往往一念是天堂，一念是地狱，而善良的人终会战胜黑暗，获得光明。歌剧摒弃了意大利和法国歌剧豪华壮丽的舞台效果，追求一种天然简单的生活场景，其中的山林景象和生活风俗都带有德国民间特色，让德国听众有一种久违的亲切感。

瓦格纳出生于德国的莱比锡，18岁进入莱比锡大学学习作曲，后来到维尔茨堡任合唱指挥，他创作了很多交响乐和歌剧作品，最终成为横跨19世纪的音乐巨人。

从1832年开始，瓦格纳就投入到歌剧创作中，《仙女》是他完成的第一部歌剧作品。尽管这部作品当时没能成功搬上戏剧舞台，但瓦格纳的歌剧创作灵感不断涌现，创作出《禁恋》《黎恩济》乃至其他很多部作品。

《黎恩济》是瓦格纳歌剧作品中比较有代表性的一部。瓦格纳希望这部歌剧能登上巴黎剧院的舞台，因此按照意大利歌剧的模式来创作，赋予它强烈而绚烂的舞台效果。这部歌剧讲述的是 14 世纪中叶，罗马护民官黎恩济为使罗马恢复自由，带领民众反抗贵族，但是不幸的是，黎恩济的妹妹与一名贵族男子恋爱，黎恩济也被当作反叛对象被民众杀害。在这部歌剧作品中，音乐效果强烈，旋律巧妙新颖，情节富于变化，合奏也优美动听，但唯一不足的就是内容过长，容易让观众产生疲惫感。

《黎恩济》没能在巴黎上演，但好在德累斯顿宫廷剧院给了瓦格纳机会，《黎恩济》演出 6 个小时之后，瓦格纳收获了无数赞赏与好评，成为观众心目中的新一代音乐才子。

1848 年，瓦格纳创作完成《罗恩格林》。这是一部反映骑士精神的歌剧，代表了瓦格纳为创作德国浪漫主义歌剧画上句号。本来，瓦格纳准备把《罗恩格林》再次搬上德累斯顿的舞台，但是当时欧洲爆发革命，瓦格纳参与了德累斯顿起义，结果革命失败，瓦格纳遭到通缉，一直在外逃亡，只好把乐谱寄给李斯特。李斯特看完乐谱后非常震惊，在他的帮助下，《罗恩格林》得以在德国魏玛演出，并取得巨大成功。

意大利歌剧

提到意大利歌剧，不得不提的是伟大的歌剧作曲家乔阿基诺·罗西尼、朱塞佩·威尔第和贾科莫·普契尼等。

罗西尼生于 1792 年，从小受父母影响，学过小号、羽管键琴，还经常在公开场合演唱。因其歌声美妙，被人们成为“皮萨罗的天鹅”。罗西尼曾在博洛尼亚音乐学院学习大提琴和对位写作，他在 13 年的时间内共创作出 34 部歌剧，速度之快，数量之多，令人震惊。

《塞维利亚理发师》是罗西尼创作的喜歌剧，是其最优秀的作品之一。为展现人物气质和性格特征，剧中优美的旋律贯穿始终。在第一幕中，罗西尼为罗西娜谱写了咏叹调，罗西娜用花腔演唱，把其天真活泼的性格表现得极其到位，最后以一曲热闹的重唱结束。第二幕中，罗西娜唱起了华丽端庄的咏叹调"一颗燃烧着爱情的心，会冲破任何障碍"，向爱人表达自己的痴心不改。阿尔玛维瓦沉醉在她的歌声里，时不时地也唱一两句。最后，全剧在场上全员快乐的大合唱声中结束。费加罗的唱段"给城里的忙人让路"是意大利喜歌剧中急口令式歌唱的杰出典范。

威尔第也是德国歌剧史上举足轻重的作曲家。威尔第早期创作歌剧的时候，多以曲折离奇的历史故事和强烈的情感倾诉为主，有时含有血腥暴力场面，如《纳布科》描绘的巴比伦王率军亲征，宫廷内部斗争不断升级，谋权篡位，希伯来人被囚禁等一系列场面，都是强烈情感的暴力反应。《阿蒂拉》描写了入侵者阿蒂拉被保卫祖国的意大利妇女刺死的故事；《列尼亚诺之战》中节奏律动强烈，合唱气势恢宏，展现了伦巴第人击溃罗马侵略者的战斗力。威尔第早期写的歌剧还有《奥伯托》《伦巴第人》《欧那尼》和《麦克白》（图81）等。

到了中期，威尔第的创作与之前相比有了很大改变，他早期的歌剧注重历史人物的内心情感，中期则更重视现实生活中普通人物的情感表达，这一类型的歌剧有《弄臣》《游吟诗人》《茶花女》等。此外，威尔第还比较注重人物性格的刻画与内心活动的揭露。

威尔第晚期只创作了两部歌剧，一部是《法尔斯塔夫》，另一部是《奥瑟罗》。《奥瑟罗》是一部悲情歌剧，它浓缩了莎士比亚戏剧精华，情感力量丝毫没有弱化。这部作品包含重唱、合唱、大合唱和咏叹调，幕与幕之间有过渡和连接，使戏剧呈连续发展状态。威尔第对剧中人物进行了细致而深入的刻画，奥瑟罗有英雄气概，苔丝狄蒙娜唱《圣母颂》抒发情怀，伊阿古邪恶冷酷的性格用半音性蜿蜒曲折的旋律带出，整部作品中管弦乐与人声的融合达到意大利歌剧史上前所未有的高度。

【图81】　〔英〕约翰·马丁《麦克白》

　　普契尼也是意大利歌剧史上比较著名的作曲家，他对台本的重视度很高，只要台本优秀，能激发想象力，他就能创作出与之匹配的歌剧。尽管他的歌剧属于浪漫主义，却包含了真实主义的元素在里边，因为他常热衷于刻画小人物的不幸与贫穷，并追求紧张强烈的情节和效果。普契尼的歌剧作品有《托斯卡》《维利》《吉赛尔》《乡村骑士》《蝴蝶夫人》等。

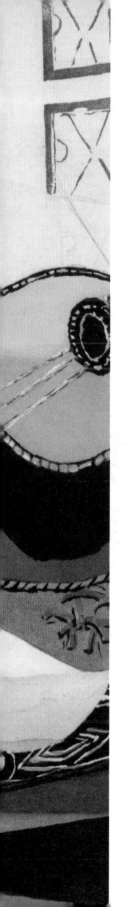

第十章

新音乐：探索与创新的时代

（20 世纪至今）

20 世纪早期的音乐风格，是在 19 世纪浪漫主义向 20 世纪现实主义过渡的基础上形成的。那时旧的事物已经瓦解，新事物的种子正在扎根发芽，音乐正在以一种极其迅猛的速度发展，并从一种新实践向另一种新实践转换。

【图82】 ［日］葛饰北斋《神奈川冲浪里》

离经叛道的德彪西

印象派音乐的创始人是克劳德·德彪西，在他那个年代，各行业都出现了印象主义的代表，印象主义诗人在写作上追求辞藻的微妙效果，印象派画家如马奈、莫奈注重景色的瞬间变化，这都为德彪西在音乐上形成印象主义特征带来影响。

德彪西于 1862 年生于巴黎近郊的圣日耳曼昂莱，10 岁到巴黎音乐学院学习钢琴，18 岁学习作曲，之后便走上音乐之路。

在音乐学院期间，德彪西就有离经叛道的倾向，他忽视精确线条和曲式的重要性，在听觉和音效效果上敢于大胆创新，不光令老师们头疼，还引起不少人的注意。1884 年，康塔塔（即清唱套曲）《浪子》一举获得罗马大奖，说明他的颠覆性创作还是获得了人们的认可。

19 世纪 90 年代到 20 世纪初，德彪西的创作趋于成熟，作品体裁也日渐丰富，如合唱、歌剧、钢琴曲、歌曲、室内乐等。

《夜曲》是德彪西创作的管弦乐作品，那时他的生活正处于困难时期，和女友结束了多年的感情，微薄的出版费又让他无法维持生计，在这种情况下，《夜曲》成为德彪西众多作品中最具"印象主义"特征的一部。《版画》是一部钢琴曲作品，与《夜曲》同一时期创作。该作品包括三首乐曲：《宝塔》带有东方特色；《格拉那达之夜》是伤感的西班牙舞曲；《雨中花园》则具有法国特色，旋律流畅优美，触人心弦。

1905 年，德彪西从日本浮世绘画家葛饰北斋所绘的《神奈川冲浪里》（图 82）中获得了灵感，用音乐绘制了一幅描绘大海的蓝图，起名为《大海》，之后还创作了两部钢琴套曲《意象集》和《儿童乐园》。《意象集》包括《春天舞曲》《伊贝利亚》《吉格舞曲》，这 3 首乐曲创作于不同年代，《伊贝利亚》是西班牙风情的写照，里边加入西班牙民间舞蹈塞规迪亚的节奏与旋律，再以印象主义手法描绘南国夜色，使人们笼罩在朦胧的黎明和欢乐的节日气氛中。

《无家可归的孩子的圣诞节》和《英雄摇篮曲》是第一次世界大战后作曲家为纪念战争中牺牲的朋友而创作的，倾诉了自己的反战思想。

1918 年 3 月 25 日，德彪西在德军的轰炸中死去，他本来想创作一组有 6 首奏鸣曲的套曲，在临死前只完成了其中 3 首。他的奏鸣曲在出版时只有一行简短的标题："克劳德·德彪西——法兰西音乐家。"

"火鸟"斯特拉文斯基

　　斯特拉文斯基是 20 世纪最多才多艺的作曲家之一。他一直不停地在新音乐道路上探索，力求有所突破和创新，被认为是西方现代音乐的主要代表人物之一。

　　斯特拉文斯基于 1882 年生于俄罗斯圣彼得堡附近的奥拉宁堡，父亲是彼得堡皇家歌剧院的男低音歌手。他 9 岁开始学钢琴与作曲，中学毕业后选择了圣彼得堡大学的法律专业，不过，最终他还是放弃了法律正式走上音乐之路。

　　斯特拉文斯基的创作大致可分三个时期：俄罗斯风格时期、新古典主义时期、序列主义时期。

　　在俄罗斯风格时期，斯特拉文斯基的作品反映出老师科萨科夫对他的影响，特别是在运用非西方音乐音阶和色彩明亮的管弦乐法上。《火焰》和《谐谑曲》是其富有个性的管弦乐作品，其中《火焰》几乎在 E 大调上固定，和弦反复出现，动机短小，节奏处理巧妙，和声又是静态性的，再配上管弦乐，静态背景立刻活跃起来，表现出绚丽多彩的夜空中火花四溅的景色。

　　1909 年，《火焰》在圣彼得堡演出，俄罗斯芭蕾舞剧团的创立人谢尔盖·贾吉列夫前来观看，并对其作品表现出极大好感。贾吉列夫邀请斯特拉文斯基加入了这个团体，他为该剧团创作了《火鸟》(图 83)、《彼得卢什卡》、《春祭》等 3 部取材于俄罗斯民间的芭蕾舞音乐。

【图 83】 《火鸟》芭蕾人物造型

到了创作的新古典主义风格时期，斯特拉文斯基在瑞士和法国生活，他与西方音乐有了最直接最亲密的接触，《普尔西奈拉》《管乐八重奏》等是其这一时期的代表作品。

从1951年，斯特拉文斯基进入到其音乐创作的第三个时期——序列主义时期。同年，十二音法的创始人勋伯格正好去世，也许是为了将勋伯格留下的音乐财富发扬光大，斯特拉文斯基在吸收的基础上又加入自己的风格特色。这样的作品有诗歌配乐《纪念戴伦·托马斯》、舞剧《阿贡》等。

后来，斯特拉文斯基将序列主义运用到宗教作品中，如《耶利米哀歌》《布道、叙述和祷告》《亚伯拉罕与以撒》以及他的最后一部作品《安魂圣歌》等。

用音乐述说《火鸟》的故事

《火鸟》来自俄罗斯民间神话，讲述了王子伊凡为解救被魔法控制的公主，砸碎了藏有不死魔王的生命之蛋的故事。音乐开始时，阴暗的旋律勾画出一幅暮色苍茫的景象，接着一连串急促的乐句显示出火鸟的热情骄傲。《公主之舞》仿佛把人带到仙境，然后一阵强烈的节奏又把人们带入到魔王狂野粗暴的形象面前。接下来轻轻的声音极具催眠力量，让妖魔们深深睡去，暗示生命之蛋被王子拿走。最后，法国号奏出《公主之舞》，公主被胜利解救，欢乐的声音不断响起。

《歌剧魅影》与幽灵同在

《歌剧魅影》(图84)是安德鲁·洛伊德·韦伯根据法国著名侦探小说家卡斯顿·勒胡的同名爱情惊悚小说《歌剧魅影》改编的音乐剧。该剧1986年首演,获得了巨大成功,两年之后获得7项托尼大奖。

《歌剧魅影》是历史上最成功的音乐剧之一,它反映出后现代剧作的魅力。创作者们在遵循原作的基础上做了一些改编,保留了原著哥特式阴森黑暗、悬疑不断的风格,让它更具舞台效果,同时去除了后半段配角占主要成分的疏散结构。为了提升该剧的观赏性,戏中戏巧妙融入其中,使观众在现实与虚幻之间徘徊。

该剧在舞台设计上也异常新颖,当"追逐魅影"那一场开始的时候,剧院上上下下,每个角落,每个地方,每位观众的身边都响起了魅影的声音。观众们听到"我在这里"这一句台词时,就感觉魅影跑到自己身边,或是偷偷从什么地方冒出来一样。随着舞台吊灯突然坠落,剧场中的紧张气氛达到极点,观众们惊声尖叫,演员们在上边呼喊,这种紧张而刺激的气氛包围了整个剧院,着实令人惊叹。

韦伯是为自己的妻子——著名歌唱家莎拉·布莱曼量身定做了这部音乐剧,剧中的许多唱段都是按照莎拉·布莱曼的嗓音谱写而成的,再加上著名音乐剧制作团队的加盟,使得这部作品更加完美。

在韦伯的《歌剧魅影》中,鬼怪幽灵虽然会用令人惊恐的方式向人示威,

【图84】 《歌剧魅影》海报

但与其他音乐剧和各种电影版本不同的是——他们是有知识、有灵魂、有感情，并值得他人同情的、生活在不同世界的人。例如剧中人物"魅影"是一个建筑师和作曲家，还会变魔术，他爱上美丽的克莉丝汀，但人鬼殊途，必定以悲剧收场。在全剧即将结束的时候，《歌剧魅影》的旋律反复出现，克莉丝汀最终放弃魅影，选择了深爱她的拉乌尔，结局完美而略带伤感。

《歌剧魅影》是目前仅有的几个大型舞台音乐剧之一，它每隔五分钟就要换一次场景，而且一次比一次盛大华丽。特别是密室一幕中，一排排巨大的烛台从地面升起，把观众带入亦幻亦真的神奇场景，仿佛早已忘了是在观赏。该剧虽然不像《猫》剧能在世界各处上演，并且得到人们的普遍认可，但它对舞台和剧院的要求之高，也是其他音乐剧无法比拟的。

歌剧院的幽灵

音乐剧《歌剧魅影》讲述了巴黎歌剧院的一个剧团在排练歌剧《汉尼拔》时，一个沙袋从舞台顶端掉下来，差点砸到女主角卡洛塔身上。卡洛塔非常生气，拂袖而去并拒绝演唱。于是有人向剧团推荐了克莉丝汀。克莉丝汀最近一直在跟一个神秘的音乐教师学习声乐，她唱得越来越好，而她的老师就是幽灵。

克莉丝汀完成了《汉尼拔》的演唱，台下响起热烈的掌声。新剧《穆托二世》又准备彩排了。幽灵托人送来纸条称让克莉丝汀当主唱。卡洛塔坚决不同意，经理们也不愿意。演出到一半时，幽灵让卡洛塔的嗓子失声了，并且还把打杂人员的尸体从舞台顶部抛了下来，人们吓得到处乱跑，剧院乱成一团。股东拉乌尔深爱着克莉丝汀，他告诉克莉丝汀幽灵太可怕，让她远离幽灵。

几个月过去了，幽灵一直没有再出现，拉乌尔和克莉丝汀也订婚了。一天，幽灵变成红色死神的模样把自己的剧本《唐璜》交给了剧院经理。乌拉尔建议收下剧本，用克莉丝汀把幽灵引出来。幽灵把克莉丝汀带到地下密室并关上了闸门。拉乌尔追到这里，与幽灵谈条件，称愿意用自己换回克莉丝汀的自由。克莉丝汀为拉乌尔的付出悲痛万分，也为幽灵的悲惨和可怜感到痛心。同样深爱克莉丝汀的幽灵打开了密室闸门，在警察的包围之下消失了。

最长寿的《猫》

《猫》是由作曲家安德鲁·洛伊德·韦伯编写的一部音乐剧，取材于 T. S. 艾略特的诗集《擅长装扮的老猫经》(图 85）及其他诗歌，是有史以来最著名、演出时间最长的音乐剧。

1981 年，《猫》在伦敦的新伦敦剧院首演之后，就被翻译成 20 多个国家的语言并在世界各国的大中城市上演。1982 年，《猫》在纽约百老汇的冬季花园剧院演出，并于 1997 年打破之前的记录，成为百老汇舞台上经久不衰的演出剧目。

从 2001 年起，《猫》剧展开世界巡回表演，从南非到韩国，再到中国以及马来西亚等地，纷纷引起轰动。2004 年，《猫》在中国台北演出结束后来到大陆，并创造了中国有史以来音乐剧演出时长最长的纪录。

《猫》一共分为两幕。第一幕，午夜静悄悄的，人行道上所有猫参加一年一度的杰里可舞会。快节奏的音乐响了起来，猫们随着音乐起舞、歌唱，各自展现着风姿。当它们看到观众，觉得这些人想要侵入猫儿的领域时，表现出了疑虑和抗拒的神情。很快，它们便适应了与它们不同的人类，开始讲述自己的秘密——在这个神奇的月圆之夜，猫们都要介绍自己，希望借此踏上寻找幸福的道路，因为它们的首领会在天亮之前，从这群猫中选出一只登上天堂之路。

接着舞会进入高潮，猫们载歌载舞，主旋律再次响起。一只背叛了杰里可族的猫格里泽贝拉又回到舞台，唱出了动人心弦的歌曲《记忆》，获得了首

【图 85】 《擅长装扮的老猫经》书影

领同情的目光。

第二幕，猫首领用歌声告诉大家不要忘记欢乐的时光。经过一番曲折，格里泽贝拉又重新回到猫族温暖的怀抱。

在天亮之前，老首领选择了格里泽贝拉，希望它登上天堂之路，获得重生。格里泽贝拉带着漂亮的云彩上路了。最后老首领唱起歌，示意观众向台上的猫行礼致敬，演出结束。

《音乐之声》的故事

  《音乐之声》是百老汇舞台上演的著名音乐剧。它是根据自传《托普家族的歌手》改编而成的。该剧自上演以来，引起社会广泛关注并收获了多个奖项，如托尼奖、奥斯卡奖、全球奖等；所获奖项类目包括最佳音乐剧奖、最佳作曲奖、最佳指挥奖、最佳女演员奖、最佳指挥和音乐指导奖等。

  《音乐之声》还被搬上了电影大银幕，其中保留了音乐剧的独有特点，如美妙的歌曲、考究的对白以及精致的舞台效果等。但它们给观众带来的视觉冲击力大不相同。

  《音乐之声》的主角是 22 岁的玛利亚修女，她活泼好动，热爱自然，总是给修道院惹麻烦，这些行为与她的修女身份格格不入。正在这时，冯·特拉普上校家中需要一个人看护孩子，院长决定让玛利亚去，借此让她了解生活的真正意义。

  玛利亚来到冯·特拉普上校家中，得知特拉普长期在海军部队工作，变得严肃而刻板，他也用这种态度对待他的孩子们。每当上校不在家，玛利亚就带孩子们高兴地玩耍，慢慢地，孩子们被她的热情开朗打动，他们时刻生活在歌声与欢笑之中。

  一段时间之后，上校看到孩子们无拘无束的样子，对玛利亚很不满意，但是当他听到孩子们唱给男爵夫人的歌时，心里最柔软的地方被触动了。自从他的妻子去世后，家中再也不曾有过这么美丽的歌声。上校被玛利亚深深打动。经过一番曲折，已经相爱的玛利亚与上校终于突破重重障碍，结为连理。

音乐剧中的玛利亚修女天性活泼，不受约束，又善良美丽，她敢于追求爱情的勇气打动了每个观众的心。剧中有很多经典歌曲，成为观众记忆中最珍贵的东西，例如歌曲《音乐之声》让人们记住了热爱大自然的玛利亚，听到《雪绒花》更想起严肃而深情的上校，轻松愉快的《孤独的牧羊人》以及欢乐的《哆来咪》等，让观众感受到音乐剧的独特魅力。